实用标准写作技巧

杨晓峰 涂荣 张颖◎著

PRACTICAL STANDARDS　标准写作必读工具书　WRITING SKILLS

经济日报出版社

北京

图书在版编目（CIP）数据

实用标准写作技巧 / 杨晓峰，涂荣，张颖著.
北京：经济日报出版社，2024. 9. -- ISBN 978-7-5196-
1506-2
Ⅰ. G307.4
中国国家版本馆CIP数据核字第20241GW051号

实用标准写作技巧
SHIYONG BIAOZHUN XIEZUO JIQIAO

杨晓峰　涂　荣　张　颖　著

出　　版：	经济日报出版社
地　　址：	北京市西城区白纸坊东街 2 号院 6 号楼 710（邮编 100054）
经　　销：	全国新华书店
印　　刷：	北京文昌阁彩色印刷有限责任公司
开　　本：	710mm×1000mm　1/16
印　　张：	16.25
字　　数：	240 千字
版　　次：	2024 年 9 月第 1 版
印　　次：	2024 年 9 月第 1 次印刷
定　　价：	68.00 元

本社网址：www. edpbook. com. cn，微信公众号：经济日报出版社
未经许可，不得以任何方式复制或抄袭本书的部分或全部内容。**版权所有，侵权必究**。
本社法律顾问：北京天驰君泰律师事务所，张杰律师　举报信箱：zhangjie@ tiantailaw. com
举报电话：010 – 63567684
本书如有印装质量问题，请与本社总编室联系，联系电话：010 – 63567684

本书由广东省市场监督管理局科技项目"粤港澳医疗器械科技创新标准化研究与应用项目"(项目编号2023CZ03)提供经费支持。

编委会

编委会主任： 刘国光

主　　　编： 杨晓峰　涂　荣　张　颖

副 主 编： 陈嘉晔　闫　征

编　　　委：（排名不分先后）
　　　　　　　李　瑶　万易易　林曼婷
　　　　　　　郑前程　彭晓龙　温少君
　　　　　　　杨　亮　张　旭　茹俊鸿

作者简介

杨晓峰

自 2001 年加入广州市标准化研究院,是 ISO/TC 251/WG9 全球召集人和项目负责人,负责了 ISO 55013《资产管理 数据资产管理指南》国际标准的制定。作为华南理工大学自动化学院控制系统与控制理论专业的博士,杨晓峰在标准化领域积累了丰富的经验。他担任了 CMA 检验检测机构和 CNAS IB0143 产品标签检验机构的授权签字人,拥有标准化正高级工程师、信息系统项目管理师和系统分析师多个高级职称。此外,杨晓峰还主持和参与了多项国家市场监管总局及各级科研课题、以及各层级标准的制定工作,并在标准编写和推广应用方面有深入的研究。

涂 荣

广东省医疗器械质量监督检验所标准科负责人、医疗器械高级工程师、广东省医疗器械标准化技术委员会(GD/TC 16)秘书长。在医疗器械检验、标准化、科研管理和信息化建设领域具有丰富经验。

张 颖

广州市标准化研究院信息研究中心副主任、标准化高级工程师、CNAS/CMA 产品标签检验机构授权签字人、国际图形符号标准化技术委员会(ISO/TC145)专家、广东省医疗器械标准化技术委员会(GD/TC16)副秘书长、广东省薄膜及设备标准化技术委员会(GD/TC64)委员。

序　言

许多人在编写标准时都会遇到困难，不知道如何制定优秀的标准。此外，一些相关的书籍和培训过于复杂化，缺乏简单易懂的指引。为了帮助读者解决标准文本编写带来的困难，本书基于系列国家标准 GB/T 20001《标准编写规则》、GB/T 1《标准化工作导则》、GB/T 20000《标准化工作指南》、GB/T 20002《标准中特定内容的起草》、GB/T 20003《标准制定的特殊程序》和 GB/T 20004《团体标准化》等，结合作者多年的标准化实践经验，给出了一套实用的标准编写方法。

本书采用简明扼要的语言表述，围绕 GB/T 1.1 和 GB/T 20001 系列标准，以浅显易懂的语言结合大量示例帮助读者有效掌握标准编写的具体方法和技巧。全书分为三章，内容涵盖了标准的基本概念、标准编写制定的步骤技巧和标准的持续改进。本书通过标准编写的 5 步法，帮助读者有效地将标准文本和解决问题结合起来，以能切实编写制定面向实际问题的优秀标准。读者可以结合附录 1 在阅读中提出问题，并在对应章节中找出对应答案，以加深阅读理解，也可以结合附录 2，在对应章节模拟实训，以便更好地实际掌握和运用相关标准化设立方法，训练 1 到训练 11 将让读者感受到实际编写标准的循序渐进，希望读者们能喜欢这种安排。参考结构如下：

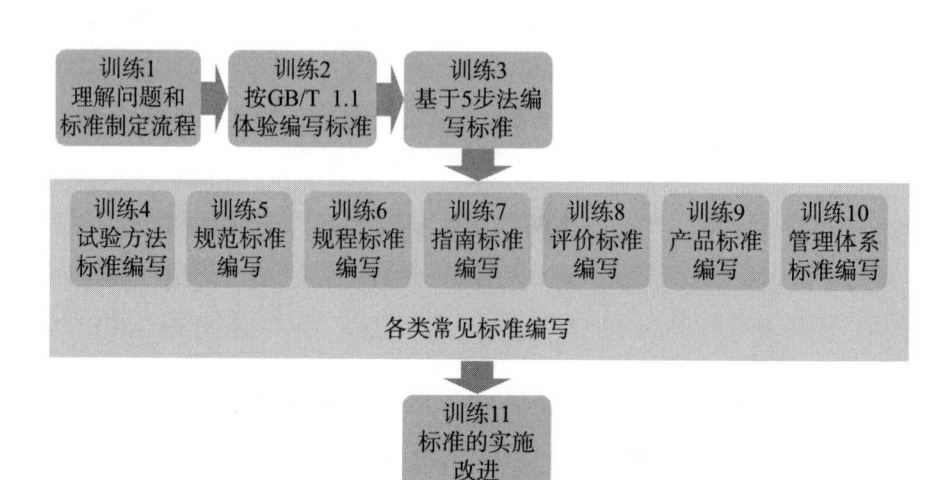

```
┌─────────┐   ┌─────────┐   ┌─────────┐
│ 训练1    │──▶│ 训练2    │──▶│ 训练3    │
│理解问题和 │   │按GB/T 1.1│   │基于5步法编│
│标准制定流程│  │体验编写标准│  │写标准    │
└─────────┘   └─────────┘   └─────────┘
                                │
┌──────────────────────────────────────────────────────────┐
│ ┌────┐ ┌────┐ ┌────┐ ┌────┐ ┌────┐ ┌────┐ ┌─────┐        │
│ │训练4│ │训练5│ │训练6│ │训练7│ │训练8│ │训练9│ │训练10│        │
│ │试验 │ │规范 │ │规程 │ │指南 │ │评价 │ │产品 │ │管理体系│      │
│ │方法 │ │标准 │ │标准 │ │标准 │ │标准 │ │标准 │ │标准编写│      │
│ │标准 │ │编写 │ │编写 │ │编写 │ │编写 │ │编写 │ │      │        │
│ │编写 │ │    │ │    │ │    │ │    │ │    │ │      │        │
│ └────┘ └────┘ └────┘ └────┘ └────┘ └────┘ └─────┘        │
│                    各类常见标准编写                        │
└──────────────────────────────────────────────────────────┘
                                │
                        ┌─────────┐
                        │ 训练11   │
                        │标准的实施│
                        │改进     │
                        └─────────┘
```

在本书的编写过程中，特别感谢案例整理和校对的贡献者闫征、李瑶和茹俊鸿，感谢大家的关心和帮助。需要说明的是，本书所指的标准非工程建设类标准。我们希望本书能够为读者提供高价值的标准编写经验和启示，使大家能够轻松编写解决实际问题的优秀标准。

让我们一起编写制定自己的好标准！

目 录

第一章 基本概念 ... 1

第一节 标准的概念 ... 3

第二节 标准的类别 ... 4

第三节 标准的特点 ... 6

第四节 好标准的要求 ... 11

第二章 标准编写 ... 15

第一节 写作依据 ... 17

第二节 认识 GB/T 1.1 ... 27

第三节 标准的起草 ... 55

第四节 完善与提高 ... 197

第三章 持续改进 ... 201

第一节 概述 ... 203

第二节 标准的实施检查 ... 205

第三节 标准的评价改进 ... 211

附录1 课程习题 ... 215

练习1 标准的概念与制定流程 ... 217

练习2 GB/T1.1 与标准起草 5 步法 ... 218

练习 3　试验方法标准的编写 ··· 218

　　练习 4　规范标准的编写 ··· 219

　　练习 5　规程标准的编写 ··· 219

　　练习 6　指南标准的编写 ··· 220

　　练习 7　评价标准的编写 ··· 220

　　练习 8　产品标准的编写 ··· 221

　　练习 9　管理体系标准的编写 ··· 221

　　练习 10　标准的实施改进 ·· 222

附录 2　课程实训 ·· 223

　　训练 1　明确标准化对象——梳理有效问题 ································· 225

　　训练 2　了解 GB/T 1.1——快速编写一个简单标准 ························· 226

　　训练 3　标准起草 5 步法——深度理解并编写一个标准 ····················· 228

　　训练 4　试验方法标准的编写 ··· 230

　　训练 5　规范标准的编写 ··· 232

　　训练 6　规程标准的编写 ··· 234

　　训练 7　指南标准的编写 ··· 235

　　训练 8　评价标准的编写 ··· 237

　　训练 9　产品标准的编写 ··· 239

　　训练 10　管理体系标准的编写 ·· 241

　　训练 11　标准的实施改进 ·· 242

参考文献 ··· 245

第一章 基本概念

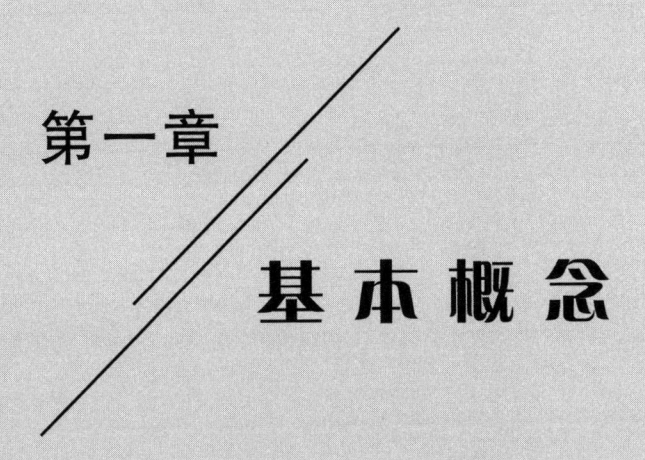

真正的知识就在经验中。

——培根

第一节　标准的概念

标准与其他的人为事物一样，不是从来就有的，而是伴随着人类社会的发展而产生的。标准源于人类生产生活的需要，是人类社会发展产生的事物，并被不断认知和完善。历史上秦统一六国后，统一度量衡，以及"书同文，车同轨，行同伦"的标准化举措对后世产生了深远的影响，是标准对于国家发展最具影响力的例子之一。到了当今社会，种类多样的标准更是与我们的工作生活高度融合，支撑着全社会的运转。那么标准究竟是什么，我们来看一下相关国家标准和《中华人民共和国标准化法》（以下简称《标准化法》）中给出的定义。

一、GB/T 20000.1—2014《标准化工作指南　第1部分：标准化和相关活动的通用术语》中标准的定义

标准 standard

通过标准化活动，按照规定的程序经协商一致制定，为各种活动或其结果提供规则、指南或特性，供共同使用和重复使用的文件。

注1：标准宜以科学、技术和经验的综合成果为基础。

注2：规定的程序指制定标准的机构颁布的标准制定程序。

注3：诸如国际标准、区域标准、国家标准等，由于它们可以公开获得以及必要时通过修正或修订保持与最新技术水平同步，因此它们被视为构成了公认的技术规则。其他层次上通过的标准，诸如专业协（学）会标准、企业标准等，在地域上可影响几个国家。

二、《标准化法》中标准的定义

《标准化法》第二条：本法所称标准（含标准样品），是指农业、工业、服务业以及社会事业等领域需要统一的技术要求。

标准包括国家标准、行业标准、地方标准和团体标准、企业标准。国家

标准分为强制性标准、推荐性标准，行业标准、地方标准是推荐性标准。

强制性标准必须执行。国家鼓励采用推荐性标准。

综合 GB/T 20000.1—2014 和《标准化法》中的定义，我们对标准可以进一步理解如下：

✓ 标准是具有特殊的形态，并有着特殊用途的特殊技术"产品"。实物（标准）形态独立存在，可被人重复使用和有偿或无偿转让。

✓ 任何没有物质载体承载的"标准"不能称其为"标准"。

✓ 标准的核心是技术内容，包括技术指标、技术要求、检测规则、试验方法、实现形式等。

✓ 标准的外在形式是标准的载体，其最为常见的表现形式是一种文件，没有一定形式的载体作为标准的外在表现形式，标准的内在要求就无从谈起。

综上，本书将在《标准化法》所规定的标准范围内，论述各种标准的写作。

第二节 标准的类别

按照《标准化法》的规定，我国的标准分为国家标准（包括强制性和推荐性）、行业标准、地方标准和团体标准、企业标准。制定这些标准均有着不同的要求。《标准化法》中的相关条文如下。

一、强制性国家标准

《标准化法》第十条：对保障人身健康和生命财产安全、国家安全、生态环境安全以及满足经济社会管理基本需要的技术要求，应当制定强制性国家标准。

国务院有关行政主管部门依据职责负责强制性国家标准的项目提出、组织起草、征求意见和技术审查。国务院标准化行政主管部门负责强制性国家标准的立项、编号和对外通报。国务院标准化行政主管部门应当对拟制定的强制性国家标准是否符合前款规定进行立项审查，对符合前款规定的予以

第一章 基本概念

立项。

省、自治区、直辖市人民政府标准化行政主管部门可以向国务院标准化行政主管部门提出强制性国家标准的立项建议，由国务院标准化行政主管部门会同国务院有关行政主管部门决定。社会团体、企业事业组织以及公民可以向国务院标准化行政主管部门提出强制性国家标准的立项建议，国务院标准化行政主管部门认为需要立项的，会同国务院有关行政主管部门决定。

强制性国家标准由国务院批准发布或者授权批准发布。

法律、行政法规和国务院决定对强制性标准的制定另有规定的，从其规定。

二、推荐性国家标准

《标准化法》第十一条：对满足基础通用、与强制性国家标准配套、对各有关行业起引领作用等需要的技术要求，可以制定推荐性国家标准。

推荐性国家标准由国务院标准化行政主管部门制定。

三、行业标准

《标准化法》第十二条：对没有推荐性国家标准、需要在全国某个行业范围内统一的技术要求，可以制定行业标准。

行业标准由国务院有关行政主管部门制定，报国务院标准化行政主管部门备案。

四、地方标准

《标准化法》第十三条：为满足地方自然条件、风俗习惯等特殊技术要求，可以制定地方标准。

地方标准由省、自治区、直辖市人民政府标准化行政主管部门制定；设区的市级人民政府标准化行政主管部门根据本行政区域的特殊需要，经所在地省、自治区、直辖市人民政府标准化行政主管部门批准，可以制定本行政区域的地方标准。地方标准由省、自治区、直辖市人民政府标准化行政主管部门报国务院标准化行政主管部门备案,由国务院标准化行政主管部门通报国务院有关行政主管部门。

五、团体标准

《标准化法》第十八条:国家鼓励学会、协会、商会、联合会、产业技术联盟等社会团体协调相关市场主体共同制定满足市场和创新需要的团体标准,由本团体成员约定采用或者按照本团体的规定供社会自愿采用。

制定团体标准,应当遵循开放、透明、公平的原则,保证各参与主体获取相关信息,反映各参与主体的共同需求,并应当组织对标准相关事项进行调查分析、实验、论证。

国务院标准化行政主管部门会同国务院有关行政主管部门对团体标准的制定进行规范、引导和监督。

六、企业标准

《标准化法》第十九条:企业可以根据需要自行制定企业标准,或者与其他企业联合制定企业标准。

综上可以看出,《标准化法》中不同类别的标准对应着不同的目的和范围,制定过程也各有差异。这对于标准的有效写作有着极其重要影响。考虑到这种因素,我们应在统筹拟解决问题和标准类别的前提下开展写作工作,以确保方向是准确的。[①]

第三节 标准的特点

一、形式特点

标准有两种存在形式,一种是文本标准,另一种是实物标准,也就是标

---

① 国际标准不在本书涉及范围内。

准样品。文本标准是一种正式出版物，具有版权。标准样品，是具有一种或多种良好特性值的材料或物质，主要用于校准仪器、评价测量方法和给材料赋值。本书所围绕的是文本标准的写作。通常标准具有以下特点。

（一）权威性

标准要由权威机构批准发布，在相关领域有技术权威，为社会所公认。推荐性国家标准由国务院标准化行政主管部门制定；行业标准由国务院有关行政主管部门制定，报国务院标准化行政主管部门备案；地方标准由省、自治区、直辖市人民政府标准化行政主管部门制定。强制性国家标准一经发布，必须强制执行。

（二）一致性

标准的制定要经过利益相关方充分协商，并听取各方意见。比如，2018年5月发布的强制性国家标准《电动自行车安全技术规范》，就是由工业和信息化部、公安部、原工商总局、原质检总局（国家标准委）等部门，组织电动自行车相关科研机构、检测机构、生产企业、高等院校、行业组织、消费者组织等方面的专家成立工作组，共同协商修订，并向社会公众广泛征求意见而形成的。

（三）实用性

标准的制定修订是为了解决现实问题或潜在问题，在一定的范围内获得最佳秩序，实现最大效益。

（四）科学性

标准来源于人类社会实践活动，其产生的基础是科学研究和技术进步的成果，是实践经验的总结。在标准制定过程中，对关键指标要进行充分的实验验证，标准的技术内容代表着先进的科技创新成果，标准的实施也是科技成果产业化的重要过程。

二、应用差异

根据《中华人民共和国标准化法》的定义，标准是指农业、工业、服务业、社会事业等领域需要统一的技术要求。标准广泛服务社会生产生活，但我们怎么区分其中的国标、行标、地标和团标呢？这些标准有什么区别？我们在选用时，怎样才算合适？

我们先来回顾一下每种标准的定义。

（一）国家标准

国家标准由国家标准化行政主管部门批准并公开发布。对我国经济技术发展有重大意义，需要在全国范围内统一的技术要求应制定为国家标准。国家标准分为强制性国家标准和推荐性国家标准。

1. 强制性国家标准
- 保障人身健康安全；
- 生命财产安全；
- 国家安全；
- 生态环境安全；
- 满足经济社会管理基本需要的技术要求。

2. 推荐性国家标准
- 满足基础通用；
- 与强制性国家标准配套；
- 对各有关行业起引领作用等需要的技术要求。

（二）行业标准

行业标准是指没有推荐性国家标准，需要在全国某个行业范围内统一的技术要求所制定的标准，是国务院有关行政主管部门组织制定的公益类标准。比如：

- NY 为（农业部）农业。
- SL 为（水利部）水利。
- MZ 为（民政部）民政。

行业标准的代号和编号应符合国务院标准化行政主管部门制定的规则，不同行业的行业标准代号有所不同。

（三）地方标准

地方标准是由省级标准化行政主管部门和经其批准的社区的市级标准化行政主管部门为满足地方自然条件、风俗习惯等特殊技术要求制定的推荐性标准。

地方标准的技术要求不得低于强制性国家标准的相关技术要求，并做到与相关标准的协调配套。地方标准在本行政区域内使用。

（四）团体标准

团体标准是依法成立的社会团体为满足市场和创新需求，协调相关市场主体共同制定的标准，由本团体成员约定采用或者按照本团体的规定供社会自愿采用。

团体标准的技术要求不得低于强制性标准的相关技术要求。鼓励社会团体制定高于推荐性标准相关技术要求的团体标准。

团体标准应聚焦新技术、新产业、新业态、新模式，填补标准空白，发挥团体标准引领作用。

所以，标准是需要适应性采用的。我们可以根据以上所述的标准差异，制定或选用适合自身需要的各种标准。公众可以通过代码区分国标、行标、地标、团标等不同类型的标准。

- 国家标准代码为 GB（强制性国家标准）或 GB/T（推荐性国家标准）。
- 地方标准代号为 DB/T ××××。
- 团体标准编号为 T/××××。
- 行业标准代号由国务院标准化行政主管部门公布，如 NY 是农业行业的标准代码。

了解了不同类型的标准，我们在工作中该如何选择合适的标准？对于标准的适用，《标准化法》要求强制性标准必须执行，对于推荐性标准，国家鼓励采用。推荐性国家标准、行业标准、地方标准都是推荐性标准，企业可以自行选用合适的推荐性标准。企业亦可以制定企业标准或采用团体标准。《中华人民共和国民法典》第五百一十一条规定了在质量约定不明确时的标准适用顺序：质量要求不明确的，按照强制性国家标准履行；没有强制性国家标准的，按照推荐性国家标准履行；没有推荐性国家标准的，按照行业标准履行；没有国家标准、行业标准的，按照通常标准或者符合合同目的的特定标准履行。

三、制定程序

标准的制定流程是指为制定标准而采取的一系列步骤和程序，包括确定标准制定的需求和目的、确定标准的范围和适用性、确定标准的技术内容和指导原则、制定标准的草案并征求意见、审查和修改草案、发布正式标准等。这些步骤旨在确保标准制定的全面性、科学性、公正性和可行性，以提高标准的质量和应用价值。

国家标准、行业标准、地方标准、团体标准和企业标准的制定流程大致相同，整体都会经历以下步骤：

（1）立项。根据需要，组织制定标准的申请，进行立项审批。

（2）组织制定。成立标准工作组，进行标准的编制、审定、公示等工作。

（3）意见征求与论证。开展内外部意见征求，并对标准进行专家论证，以保证标准的质量和可操作性。

（4）审定。对评审意见进行修改，然后进行审定，确定正式的标准文本。

（5）发布和实施。标准文本公布后，开始执行、监督和检查标准的实施情况。

但这些制定流程也存在着不同之处，通常有：

（1）发布机构不同。国家标准由国家市场监督管理总局批准发布，行业标准由行业主管部门批准发布，地方标准由地方市场监督管理部门批准发布，团体标准由具有法人资格的社团组织批准发布，企业标准由企业自行批准发布。

（2）适用范围不同。国家标准适用于全国范围，行业标准适用于某个特定行业，地方标准适用于某个行政区域，团体标准适用于某个特定行业或领域，企业标准仅适用于制定标准的企业内部。

（3）制定程序不同。不同标准的制定程序可能略有不同，例如，国家标准需要进行公开征求意见和审批程序，而企业标准只需要企业内部审定即可。国家标准、行业标准、地方标准、团体标准的具体工作程序会有所差异。

但对于标准的写作来说，每个环节都是标准质量不断迭代的过程。根据不同环节得到的意见和反馈，有助于解决标准可能的逻辑、技术或者文字上存在的问题。标准写作将贯穿整个标准制定过程。

第四节　好标准的要求

标准仅从写作上看不是一件特别困难的事情，但能写出一个好的标准却是非常不容易的。从标准的概念和实践看，好标准是相对的，因为事物发展在不同的阶段，从不同的角度对于"好"有着不同的界定。好标准应建立在现状和预期的有效结合上，不能过于保守，也不能脱离实际。一般来说，好标准在整个生命周期内应能突出问题导向，文本结构合理，表达清晰，制定程序规范，可被较好地应用，如图 1-1 所示。

图 1-1　好标准的要求

图 1-1 中，问题导向是标准制定的前提，没有问题需要解决的，也没有编写标准的必要，准确界定问题是好标准写作的前提；文本结构合理是标准整体逻辑的合理，没有合理的逻辑，标准组成部分就会混乱不堪；表达清晰

能使标准易于阅读，易于被使用和执行，同时也能够表达标准的意图；制定程序规范指的是确定了类别的标准，要按法律法规的要求，确保立项到发布的过程合法合规。

所以，标准起草阶段的写作就是标准制定的基础，需要紧贴上述五个方面的要求。在这个阶段，标准的作者需要清晰明确标准的要求和内容，确保标准的准确性、规范性、完整性、可操作性和可理解性。在其后的制定过程中，需要不断改进和完善标准的内容和要求，以确保标准的质量和有效性。在标准发布后，需要进行实际应用和磨合，根据实际应用情况进行修订和调整，以确保标准能够适应实际需求和技术环境，不断升级和优化。只有这样，才能够写出好的标准，满足实际应用的需要，助力经济社会发展。

示例：

假设有一家大型金融机构，拥有大量的客户和业务数据，需要确保其业务系统的安全性。他们决定制定一份网络安全标准，以防范黑客攻击、数据泄露等安全威胁。在制定网络安全标准的过程中，该组织可从以下几个方面进行考虑。

1. 确定问题导向。该组织可以对其业务系统和数据进行全面的评估和分析，以确定可能存在的网络安全威胁。他们可以与业务部门、技术团队等相关人员进行沟通和交流，以获取更多的信息和意见。在此基础上，他们可以明确网络安全标准的目的和需要解决的安全问题。

2. 确保文本结构合理。该组织需要确保网络安全标准的文本结构合理，以便标准能够被正确理解和执行。他们可以选择使用一个层次结构来组织标准，从而使其更易于理解和使用。他们还可以使用通俗易懂的术语和表述方式来确保标准的可读性和可操作性。

3. 确保表达清晰。该组织需要确保网络安全标准的表达清晰，以便标准的使用者能够理解标准中的要求和指导。他们可以使用简单明了的语言和术语来描述标准中的概念和要求，同时避免使用歧义性语言和术语，以确保标准的一致性和可读性。

4. 制定程序规范。该组织需要通过一个合理的制定程序，例如企标、团标等的审批程序，以确保网络安全标准的制定符合规范和法律要求。他们还可以考虑将标准提交到相关机构进行验证和认证，以增加标准的权威性和可信度。

5. 实际应用和磨合。该组织需要将网络安全标准应用到实际业务中，并在实际应用中进行改进和调整。他们可以定期审查和更新标准，以应对新的网络安全威胁和技术发展。此外，他们还可以对标准进行培训和推广，以确保标准能够得到广泛的认可和应用。

以上是网络安全标准制定过程的基本要点。除此之外，该组织还可以从以下几个方面进行补充。

1. 制定具体的安全策略和措施。该组织可以根据网络安全标准，制定具体的安全策略和措施，以保障业务系统的安全性。例如，他们可以规定员工必须使用强密码、定期更改密码，限制员工的访问权限，建立安全审计机制，定期备份数据等。

2. 建立安全培训和意识教育。该组织可以开展安全培训和意识教育，以提高员工对网络安全的认识和理解。他们可以制订培训计划，针对不同岗位的员工，提供相应的安全培训，包括如何识别网络攻击、如何防范安全威胁、如何使用安全软件等。

3. 进行安全演练和应急响应。该组织可以定期进行安全演练和应急响应，以提高应对安全事件的能力。他们可以模拟网络攻击、数据泄露等安全事件，进行演练和应急响应，评估安全应急预案的有效性，并及时调整和改进预案。

4. 采用安全技术和工具。该组织可以采用安全技术和工具，增强业务系统的安全性。例如，他们可以使用防火墙、入侵检测系统、安全审计系统等安全技术和工具，对业务系统进行实时监控和防范，及时发现和应对安全威胁。

综上所述，该组织可以从多个方面进行考虑，制定出完备的网络安全标准，并在实际应用中不断改进和完善，以确保其业务系统的安全性。同时，他们还可以采用多种手段，提高员工的安全意识和安全技能，增强整个组织的安全防护能力。

第二章 标准编写

正是问题激发我们去学习，去实践，去观察。

——鲍波尔

第一节　写作依据

在本书中，标准写作指的是在标准制定过程中涉及的所有标准文本起草和编写部分。标准写作能力的提升将有利于形成高质量的文本草案，可有效支撑标准制定全过程的顺利进行。

一、写作流程

（一）整体流程

标准是一种系统性文件。通常涉及多个参与方和利益方，把关联规则简洁写出来不是一件简单的事情。以下是常见的几类问题：

（1）缺乏对标准编写格式的了解；

（2）缺少明确的目标和问题导向；

（3）表达逻辑不够清晰和有效；

（4）标准条文难以理解和应用；

（5）缺乏对效益关联的意识。

这些问题常严重削弱所起草标准文本的有效性。为避免出现这些问题，标准的写作过程一般分为标准起草和完善提高两个阶段。如图2-1所示。

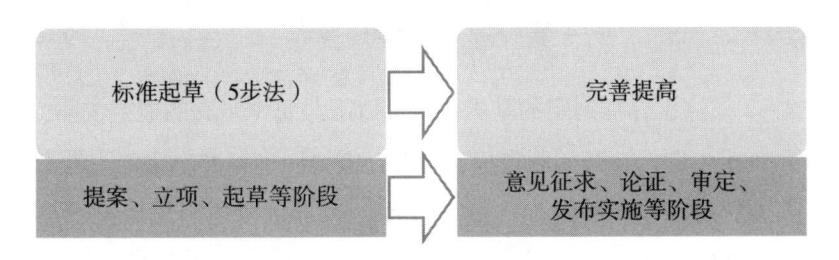

图2-1　标准写作阶段对应

由图2-1可以看到，标准起草主要在提案、立项、组织起草等阶段发挥作用，是下一阶段完善提高的前提。而完善提高阶段则主要是对标准文本不断改进的过程。

（二）5步法

5步法是标准写作中的核心方法，我们可以在标准起草阶段使用5步法来系统化编写标准文本。5步法简化了标准编写中复杂烦琐的过程，能帮助绝大部分技术、管理和工作人员顺利起草出解决工作中问题所需要的标准文本草案。以下是整体概要过程。

首先，我们需要准备好WPS、Word等文字编辑工具，套用不同类型标准编写样板用于具体标准的写作。如果使用Word编辑文字，还可以在其上使用中国标准编写模板（TCS）。其次，我们需要按照确定主题—选择类型—设定结构—内容填充—综合优化5个步骤进行编写。如图2-2所示。

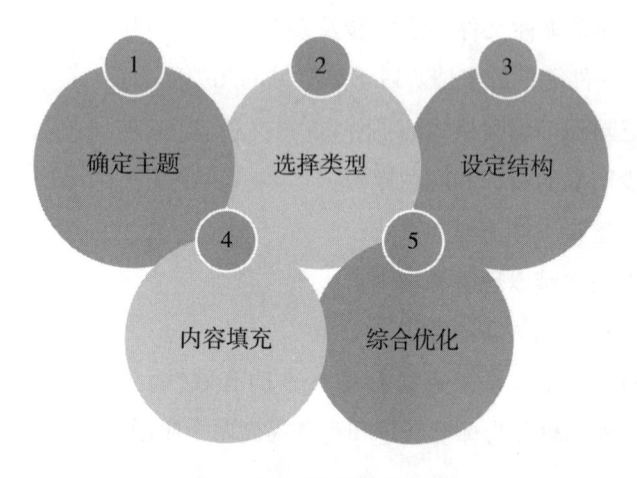

图2-2　标准起草5步法

图2-2描述了标准制定的基本步骤，以下是每个步骤的概要说明。

（1）确定主题。在开始制定标准之前，需要明确标准制定的主题和目的，即需要解决的问题以及制定标准的可行性。确定主题是制定标准的第一步，也是非常关键的一步。

（2）选择类型。标准可以按照不同的体例进行编写，如规范、方法、指南等不同类型。在制定标准之前，需要确定标准的编写类型，以便编写出合适的标准。

（3）设定结构。标准制定过程中需要确定标准的整体结构，包括标准的篇章、章节、条款等，以确保标准的内容清晰、有序，易于理解和使用。在设定结构时，需要充分考虑标准的应用范围、目标和实际需求等因素。

（4）内容填充。根据设定的结构，需要具体编写标准的内容条款，包括标准的定义、要求、技术方法、实施步骤、说明等，确保标准的完整性和可行性。在内容填充时，需要充分考虑标准的应用场景和实际情况，以确保标准的实用性和有效性。

（5）综合优化。最后，需要对标准的结构和条款进行梳理和优化，以确保标准的逻辑性、合理性和一致性。在梳理优化过程中，需要对标准进行全面的检查和审核，确保标准的质量和实用性。

总之，标准起草是一个系统的过程，这5个步骤从确定主题、选择类型到设定结构、内容填充和综合优化，能确保标准制定的全面性和实用性。这些步骤的细节将在本章第二节、第三节进行详细叙述和举例说明。

二、写作原理

本书中的标准写作基于支撑标准制定工作的 GB/T 20001《标准编写规则》、GB/T 1《标准化工作导则》、GB/T 20000《标准化工作指南》、GB/T 20002《标准中特定内容的起草》、GB/T 20003《标准制定的特殊程序》、GB/T 20004《团体标准化》、GB/T 24421.3《服务业组织标准化工作指南 第3部分：标准编写》等系列国家标准开展。各具体标准的范围摘录如下。

（一）GB/T 1《标准化工作导则》

该系列标准包括：

1. GB/T 1.1—2020《标准化工作导则 第1部分：标准化文件的结构和起草规则》

文件确立了标准化文件的结构及其起草的总体原则和要求，并规定了文件名称、层次、要素的编写和表述规则以及文件的编排格式。

文件适用于国家、行业和地方标准化文件的起草，其他标准化文件的起草参照使用。

2. GB/T 1.2—2020《标准化工作导则　第 2 部分：以 ISO/IEC 标准化文件为基础的标准化文件起草规则》

本标准界定了国家标准化文件与对应 ISO/IEC 标准化文件的一致性程度，确立了以 ISO/IEC 标准化文件为基础起草国家标准化文件的总体原则和要求，规定了起草步骤、相关要素和附录的编写规则。

（二）GB/T 20000《标准化工作指南》

该系列标准包括：

1. GB/T 20000.1—2014《标准化工作指南　第 1 部分：标准化和相关活动的通用术语》

本部分界定了标准化和相关活动的通用术语及其定义。

本部分适用于标准化及其他相关领域。

本部分也可为诸如标准化基本理论研究和教学实践提供相应的基础。

2. GB/T 20000.3—2003《标准化工作指南　第 3 部分：引用文件》

本部分规定了引用文件的基本原则，要求和方法。

本部分适用于在标准中引用文件，也可供在法规中引用标准时参考。

3. GB/T 20000.6—2006《标准化工作指南　第 6 部分：标准化良好行为规范》

本部分提出了标准制定程序标准编制原则和标准化的参与及合作方面的良好规范。

本部分适用于各类标准化机构及从事标准化工作的人员。

4. GB/T 20000.7—2006《标准化工作指南　第 7 部分：管理体系标准的论证和制定》

本部分规定了：

——管理体系标准项目的论证和评价的指导原则，以评定其市场相关性；

——制定和维护（例如复审和修订）管理体系标准方法的指导原则，以确保兼容性和一致性；

——管理体系标准的术语、结构和共有要素的指导原则，以确保兼容性，并提高一致性和易用程度。

本部分将管理体系标准分为下列三种类型：

——A 类：通用管理体系要求标准和专业管理体系要求标准；

——B 类：通用管理体系指导标准和专业管理体系指导标准；

——C 类：管理体系相关标准。

尽管本部分主要针对 A 类管理体系标准，但同样适用于 B 类管理体系标准。除了本部分有关管理体系标准的结构和共有要素的规定以外的其他内容还适用于 C 类管理体系标准。

本部分适用于制定管理体系要求标准、管理体系指导标准和管理体系相关标准的机构和起草者。本部分不适用于实施管理体系的组织和针对管理体系进行认证的组织。

5. GB/T 20000.8—2014《标准化工作指南　第 8 部分：阶段代码系统的使用原则和指南》

本部分规定了标准项目数据协调一致的阶段代码系统的使用原则和指南。

本部分适用于标准机构利用数据库跟踪标准制定项目和标准机构之间标准项目的信息交换。

6. GB/T 20000.10—2016《标准化工作指南　第 10 部分：国家标准的英文译本翻译通则》

本部分规定了国家标准、国家标准化指导性技术文件（以下统称为国家标准）英文译本的翻译和格式要求。

本部分适用于国家标准英文译本的翻译和出版，其他标准的英文译本可参照使用。

7. GB/T 20000.11—2016《标准化工作指南　第 11 部分：国家标准的英文译本通用表述》

本部分给出了国家标准、国家标准化指导性技术文件（以下统称为国家标准）的英文译本的通用表述方式和常用词汇。

本部分适用于国家标准英文译本的翻译工作，其他标准的翻译可参照使用。

（三）GB/T 20001《标准编写规则》

该系列标准包括：

1. GB/T20001.1—2001《标准编写规则 第1部分：术语》

本部分规定了术语标准的制定程序和编写要求。

本部分适用于编写术语标准和标准中的"术语和定义"一章，其他术语工作也可参照使用。

2. GB/T20001.2—2015《标准编写规则 第2部分：符号》

本部分规定了符号（含文字符号、图形符号，标准的结构和编写规则）。

本部分适用于国家标准、行业标准中的符号标准的编写。地方标准、企业标准的编写可参照使用。非符号标准中含有符号内容的编写也可参照使用。

3. GB/T20001.3—2015《标准编写规则 第3部分：分类标准》

本部分规定了分类标准的结构、分类原则以及分类方法和命名、编码方法和代码等内容的起草表述规则，并规定了分类表、代码表的编写细则。

本部分适用于各层次标准中产品、过程或服务等标准化对象的分类标准，以及在已经确定的分类体系基础上进行编码的标准编写。

4. GB/T20001.4—2015《标准编写规则 第4部分：试验方法标准》

本部分规定了试验方法标准的结构以及原理试验条件试剂或材料、仪器设备样品、试验步骤、试验数据处理、试验报告等内容的起草规则。

本部分适用于各层次标准中试验方法标准的编写。

5. GB/T 20001.5—2017《标准编写规则 第5部分：规范标准》

本部分确立了起草规范标准的总体原则和要求，规定了规范标准的结构以及标准名称、范围、要求和证实方法等必备要素的编写和表述规则。

本部分适用于各层次标准中以产品、过程、服务为标准化对象的规范标准的起草。

6. GB/T 20001.6—2017《标准编写规则 第6部分：规程标准》

本部分确立了起草规程标准的总体原则和要求，规定了规程标准的结构以及标准名称、范围、程序确立、程序指示和追溯/证实方法等必备要素的编写和表述规则。

本部分适用于各层次标准中以过程为标准化对象的规程标准的起草。

7. GB/T 20001.7—2017《标准编写规则 第7部分：指南标准》

本部分确立了起草指南标准的总体原则和要求，规定了指南标准的结构以及标准名称、范围、总则、需考虑的因素和附录等要素的编写和表述规则。

本部分适用于各层次标准中以产品、过程、服务或系统为标准化对象的指南标准的起草。

本部分不适用于提供指南的管理体系标准的起草。

8. GB/T 20001.8—XXXX《标准起草规则 第8部分：评价标准》

本文件确立了评价标准的结构和起草的总体原则，规定了文件起草的总体要求以及文件名称、评价指标体系、取值规则、评价结果、评价流程等的编写和表述规则。

本文件适用于各层次标准中评价标准的起草。

9. GB/T 20001.10—2014《标准起草规则 第10部分：产品标准》

本部分规定了起草产品标准需遵循的原则、产品标准结构、要素的起草要求和表述规则以及数值的选择方法。

本部分适用于国家、行业、地方和企业产品标准的编写，具体适用于编写有形产品的标准，编写无形产品的标准可以参照使用。

10. GB/T 20001.11—2014《标准起草规则 第11部分：管理体系规范》

本文件确立了管理体系标准的类别和起草的总体原则，规定了起草管理体系标准的总体要求，以及文件名称、结构、要素的编写规则和管理体系标准正文中要素的核心内容。

本文件适用于管理体系标准的起草。

（四）GB/T 20002《标准中特定内容的起草》

该系列标准包括：

1. GB/T 20002.1—2008《标准中特定内容的起草 第1部分：儿童安全》

本部分提供了解决儿童使用或接触产品过程或服务（尽管它们并非为儿

童而专门设计）可能给儿童带来的意外身体伤害（危险）问题的框架，以便减少对儿童的伤害风险。

本部分主要适用于参与标准编制和修订的人员，也包含了设计师、建筑师、制造商、服务提供者、宣传者和政策制定者等关注的重要信息。

对于有特殊需要的儿童，补充适当的要求是可取的。本部分并未全面涉及这些补充要求。

对于预防或减少心理或精神伤害或故意伤害，本部分没有提供任何专门的指导。

2. GB/T 20002.2—2008《标准中特定内容的起草 第2部分：老年人和残疾人的需求》

本部分为各类相关标准的制定者就如何考虑老年人和残疾人的需求提供了指导。但是，某些残疾程度严重或复杂的人的需求不属于本部分的范围。本部分是针对轻度生理障碍人员，只需将标准中的方法做较小的更改，就能很容易地满足他们的需求，从而扩展产品或服务的市场。

本部分的目的：告知、进一步了解和认识人类的能力对产品、服务和环境可用性的影响；概述标准中的要求与产品或服务的无障碍化、可用性之间的关系；从更广阔的市场角度，提高对采用无障碍设计原理获得益处的认识。

本部分适用于日常生活中经常遇到的，供消费市场和工作场所使用的产品、服务和环境。就本部分的目的而言，"产品和服务"这一术语通常反映上述所有目的。

本部分的内容包括：标准制定过程中对老年人和残疾人的需求考虑过程的说明；为确保满足不同能力的人群需求，为标准制定者提供了能够将标准相关条款与应当考虑的因素相关联的表格；描述了人体机能或人类能力以及残疾的实际含义；为标准制定者提供了一系列可用于更详细、具体研究的指导性资料。

本部分提供的只是一般性指导。对特殊的产品或服务的因素应当考虑制定相应具体的指南。

尽管大家都已认识到无障碍化和可用性对产品和服务的重要性，但在全球范围内开展的服务标准工作仍处于初步阶段。目前，本部分的内容考虑对产品的指导远比服务要多。

3. GB/T 20002.3—2014《标准中特定内容的起草　第3部分：产品标准中涉及环境的内容》

本部分提供了处理产品标准中环境问题的指南。

本部分主要适用于产品标准中环境内容的编写。

本部分不包括作为产品生命周期特定方面的职业健康安全或消费者安全问题，与环境问题密切相关的情况除外。标准起草者可在其他指南中找到解决此类问题的指导原则和方法。

4. GB/T 20002.4—2015《标准中特定内容的起草　第4部分：标准中涉及安全的内容》

本部分为标准起草者将安全方面的内容纳入标准提供了要求和建议。

本部分适用于有关人身、财产或环境的安全内容的起草。

5. GB/T 20002.6—2022《标准中特定内容的编写指南　第6部分：涉及中、小微型企业需求》

本文件提供了标准化文件起草中需要考虑中、小微型企业（SME）需求时的总体考虑，编制过程中需考虑的方面和最终审核时的指导和建议，并给出了相关信息。

本文件适用于标准化技术委员会、分技术委员会或工作组等标准化技术组织的标准化文件起草人员编制国家、行业、地方和团体标准化文件时考虑SME的需求，也可供SME参与标准化文件起草时参考。

（五）GB/T 20003《标准制定的特殊程序》

该系列标准包括：

GB/T 20003.1—2014《标准制定的特殊程序　第1部分：涉及专利的标准》

本部分规定了标准制定和修订过程中涉及专利问题的处置要求和特殊程序。如无特别说明，本部分所提及的专利包括有效的专利和专利申请。

本部分适用于涉及专利的国家标准的制定修订工作，涉及专利的国家标准化指导性技术文件、行业标准和地方标准的制定修订可参照使用。

（六）GB/T 20004《团体标准化》

该系列标准包括：

1. GB/T 20004.1—2016《团体标准化　第1部分：良好行为指南》

本部分提供了团体开展标准化活动的一般原则，以及团体标准制定机构的管理运行、团体标准的制定程序和编写规则等方面的良好行为指南。

本部分适用于指导各类团体开展标准化活动。

2. GB/T 20004.2—2018《团体标准化　第2部分：良好行为评价指南》

本部分确立了对社会团体开展团体标准化良好行为评价的基本原则，提供了评价内容和评价程序等方面的指导和建议。

本部分适用于对社会团体开展团体标准化良好行为评价。其他相关评价活动可参照适用。

（七）GB/T 24421.3《服务业组织标准化工作指南　第3部分：标准编写》

本部分规定了服务业组织标准编写的基本要准的构成及其服务要求的编写。

本部分适用于服务业组织标准的编写。

以上诸多国家标准为标准提供了详细的写作依据，而在具体写作过程中，情况还要复杂得多[①]。我们可以按照第二节的步骤，系统化、有步骤地开展标准的编写，在此过程中，以上国家标准所提供的方法是交替出现和使用的。

[①] 已建立标准体系的企业还需要考虑在本企业标准体系框架下编写标准，以使得体系内标准之间互相协调。

第二节 认识 GB/T 1.1

一、GB/T 1.1 概要

GB/T 1.1《标准化工作导则 第 1 部分：标准化文件的结构和起草规则》是中国国家标准化工作的重要指南之一。该标准从标准化文件的结构和起草规则方面进行规范，适用于国家、行业和地方标准化文件的起草。

该标准在 2020 年进行了第五次修订，并进一步与新版 ISO/IEC 导则相协调，历时 11 年。新版 GB/T 1.1—2020《标准化工作导则 第 1 部分：标准化文件的结构和起草规则》明确了标准化文件的结构及其起草的总体原则和要求，规定了文件名称、层次、要素的编写和表述规则以及文件的编排格式。

具体来说，GB/T 1.1—2020 的主要内容包括：

（1）文件名称和层次。该标准规定了标准文件的名称和层次，以确保文件的清晰和规范性。文件的名称应简明扼要、准确表达标准的内容；文件的层次应合理划分，包括总则、范围、规范性引用文件、术语和定义、要求等层次。

（2）文件要素的编写和表述规则。该标准规定了文件要素的编写和表述规则，包括术语和定义、符号、单位、图表、表格、公式、注释等。要素的编写应准确、简明、规范，表述应具有可读性和可操作性。

（3）文件的编排格式。该标准规定了标准文件的编排格式，包括页码、页眉、页脚、目录等。文件的编排应规范、整洁、美观，使读者能够快速地找到所需信息。

通过对标准化文件的结构和起草规则进行严谨规范，GB/T 1.1—2020《标准化工作导则 第 1 部分：标准化文件的结构和起草规则》让文件起草者在起草各类标准化文件时有据可依，从而提高文件的质量和应用效率。该标准的修订还特别考虑了不同功能类型标准的核心技术要素，明确了起草标准化文件的总体原则和要求以及如何选择文件的规范性要素，促进文件功能的有效发挥，更好地促进贸易、交流以及技术合作。总之，GB/T 1.1—2020《标准化工作导则　第1部分：标准化文件的结构和起草规则》为标准化文件的起草提供了明确的指导和规范，有助于提高标准的质量和实用性，促进国家和行业技术创新和发展，促进技术合作和贸易。

该标准的发布也体现了中国标准化工作不断提高的水平和推进的步伐。中国国家标准化工作在制定标准方面一直秉持公开、透明、民主的原则，广泛吸收社会各方面的意见和建议，不断完善标准制定的体制和机制，为保障人民群众的生命安全和财产安全、促进科技创新和经济发展做出了积极的贡献。此外，GB/T 1.1—2020也与国际标准制定的趋势相协调，提升中国标准在国际标准制定中的地位，增强其影响力。随着全球化和经济一体化的发展，国际标准制定越来越重要，标准的国际化也越来越成为标准制定的趋势。中国标准化工作在制定标准时，也需要更多地考虑与国际标准的协调和对接，以鼓励中国标准在国际标准制定中的积极参与，增加其贡献。

二、十个重点要素项的写作

本书的重点在于提升实用性标准写作技巧，所以聚焦在如何有效完成标准的有效写作。根据本章第三节的各类型标准充分结构表，我们可以看到试验方法、规范、规程、指南、评价、产品和管理体系等各类型标准都有着大致相同的部分。这些部分在对应的GB/T 20001系列标准中并没有规定细节写作方法，其中包括封面、目次、前言、引言[①]、规范性引用文件、术语和定义[②]、规范性附录、资料性附录、参考文献、索引等要素项。因此对于这些没有规定的部分，我们应当回到并按照GB/T 1.1的写作要求进行写作。而技术要素项、标准名称、范围等则应优先按照GB/T 20001中对应的标准类型的规定写作。如图2-3所示。

[①] 引言这个要素项在GB/T 20001.10和GB/T 20001.11中做了具体的写作规定，应优先采用。
[②] 术语和定义这个要素项在GB/T 20001.11中做了具体的写作规定，应优先采用。

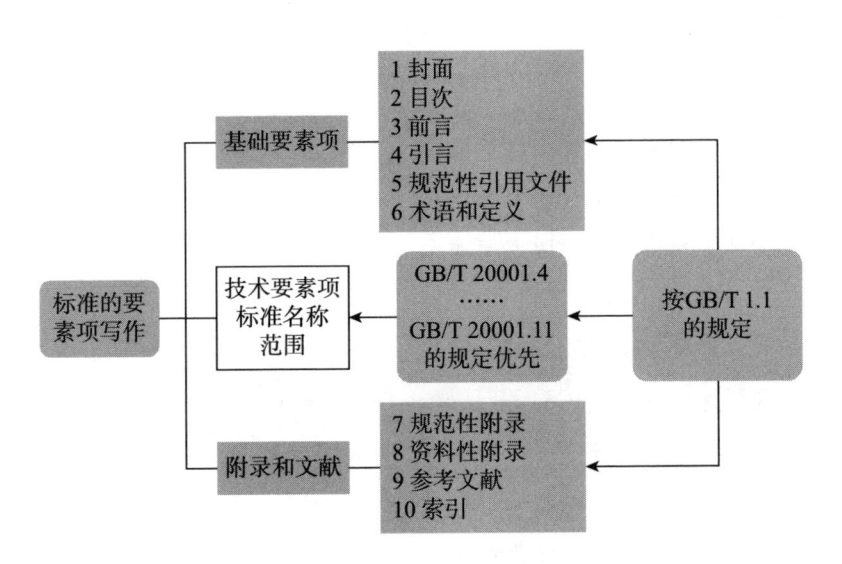

图 2-3 标准的要素写作构成

标准的要素项写作分为：
- 基础要素项：1 封面；2 目次；3 前言；4 引言；5 规范性引用文件；6 术语和定义
- 技术要素项（标准名称范围）：GB/T 20001.4……GB/T 20001.11 的规定优先
- 附录和文献：7 规范性附录；8 资料性附录；9 参考文献；10 索引

按 GB/T 1.1 的规定。

以下是 GB/T 1.1 中规定的涉及十个重点要素项的写作方法：

（一）封面

在标准化文件中，封面是非常重要的一部分，用来展示文件的信息。封面应包含的必要信息，分别为文件名称、文件的层次或类别（如国家标准或行业标准等）、文件代号（如"GB"等）、文件编号、国际标准分类（ICS）号、中国标准文献分类（CCS）号、发布日期、实施日期、发布机构等。如果文件代替了其他文件，封面上需要标明被代替文件的编号。如果被代替文件较多，可以在前言中说明代替情况。如果文件与国际文件有一致性对应关系，那么在封面中应标示一致性程度标识。

在国家标准和行业标准的封面上还应包含文件名称的英文译名，而行业标准的封面上还应标明备案号。

文件编号由文件代号、顺序号及发布年份号组成，顺序号由阿拉伯数字标注，发布年份号由四位阿拉伯数字标注，顺序号和年份号之间使用一字线形式的连接号，例如，GB/T ××××—××××。

对于征求意见稿和送审稿的封面，应在显著位置上按照规定标明是否涉及专利的信息。

示例：

例1.

国家标准的封面可能包含以下信息：

——文件名称：×××国家标准

——文件层次或类别：国家标准

——文件代号：GB

——文件编号：GB/T 12345—2023

——国际标准分类（ICS）号：××.××.××

——中国标准文献分类（CCS）号：×××××

——发布日期：××××-××-××实施日期：××××-××-××

——发布机构：国家市场监督管理总局、国家标准化管理委员会

——文件名称的英文译名：Standard for ×××

例2.

行业标准的封面可能包含以下信息：

——文件名称：×××行业标准

——文件层次或类别：行业标准

——文件代号：YY

——文件编号：YY/T 1234—2023

——国际标准分类（ICS）号：××.××.××

——中国标准文献分类（CCS）号：×××××

——发布日期：××××-××-××实施日期：××××-××-××

——发布机构：某某行业部门

——文件名称的英文译名：Standard for ××× Industry

——备案号：××-××××-×××××

此外，如果前面的国家或行业标准代替了之前的标准，封面上需要标明这两份标准的编号。如果该行业标准与国际标准有一致性对应关系，也需要在封面中标示一致性程度标识。

例 3.

团体标准的封面可能包含以下信息：

——文件名称：×××团体标准

——文件层次或类别：团体标准

——文件代号：××

——文件编号：××/T 12345—2023

——国际标准分类（ICS）号：××.××.××

——中国标准文献分类（CCS）号：×××××

——发布日期：××××-××-××实施日期：××××-××-××

——发布机构：××社团

——文件名称的英文译名：Standard for ××× issued

（二）目次

目次是标准化文件中的一个要素，用于呈现文件的结构，方便查阅文件内容。根据文件的具体情况，应该按照以下顺序建立目次列表。

（1）前言。

（2）引言。

（3）章编号和标题。

（4）条编号和标题（需要时列出）。

（5）附录编号、规范性/资料性和标题。

（6）附录条编号和标题（需要时列出）。

（7）参考文献。

（8）索引。

（9）图编号和图题（包括附录中的图，需要时列出）。

（10）表编号和标题（包括附录中的表，需要时列出）。

目次中每项内容后面应标明对应的页码，以便读者查找。注意，在目次中不应列出"术语和定义"中的条目编号和术语。

对于电子文本，建议使用自动生成的目次。

示例：

以下是一个示例目录，显示了各章节和附录的编号、标题以及页码。

目　录

1 引言 ·· 1
2 术语和定义 ·· 2
3 标准性能要求 ··· 5
　3.1 总体要求 ··· 5
　3.2 物理性能要求 ··· 7
　　3.2.1 尺寸要求 ··· 7
　　3.2.2 外观要求 ··· 8
　3.3 性能试验方法 ··· 9
4 制造工艺要求 ··· 12
　4.1 原材料要求 ·· 12
　4.2 加工工艺要求 ··· 14
　4.3 检验要求 ··· 16
5 包装、运输、储存要求 ··· 18
6 标志、保证书及使用说明 ·· 21
附录 A 规范性附录 测试方法 ·· 23
　A.1 温度试验 ··· 23
　A.2 拉伸试验 ··· 24
附录 B 资料性附录 样品照片 ·· 26
参考文献 ··· 27
索引 ··· 28

其中，第1章是引言，第2章是术语和定义，第3章到第6章分别是标准性能要求，制造工艺要求，包装、运输、储存要求以及标志、保证书及使用说明。附录 A 是一个规范性附录，包含测试方法，附录 B 是一个资料性附录，包含样品照片。最后，参考文献和索引分别出现在目录的末尾。每个章节或附录的页码也被列在目录中以方便读者查找。

（三）前言

前言是一个标准文件的要素，它提供了一些额外的信息，如文件起草依据的其他文件、与其他文件的关系和编制、起草者的基本信息等。前言不应包含要求、指示、推荐或允许性条款，也不应使用图、表或数学公式等表述形式。前言不应给出章编号且不分条。根据所形成的文件的具体情况，在前言中应依次给出以下适当的内容：

（1）文件起草所依据的标准。具体表述为"本文件按照 GB/T 1.1—2020《标准化工作导则　第 1 部分：标准化文件的结构和起草规则》的规定起草"。

（2）文件与其他文件的关系。需要说明以下两方面的内容，其一为与其他标准的关系；其二为分为部分的文件的每个部分说明其所属的部分并列出所有已经发布部分的名称。

（3）文件与代替文件的关系。需要说明以下两方面的内容，其一为给出被代替、废止的所有文件的编号和名称；其二为列出与前一版本相比的主要技术变化。

（4）文件与国际文件关系的说明。GB/T 20000.2 中规定了与国际文件存在着一致性对应关系的我国文件，在前言中陈述的相关信息。

（5）有关专利的说明。D.2 中规定了尚未识别出文件的内容涉及专利时，在前言中需要给出的相关内容。

（6）文件的提出信息（可省略）和归口信息。对于由全国专业标准化技术委员会提出或归口的文件，应在相应技术委员会名称之后给出其国内代号，使用下列适当的表述形式："本文件由全国×××标准化技术委员会（SAC/TC ×××）提出。""本文件由×××提出。""本文件由全国×××标准化技术委员会（SAC/TC ×××）归口。""本文件由×××归口。"

（7）文件的起草单位和主要起草人，使用下列表述形式："本文件起草单位：……""本文件主要起草人：……"

（8）文件及其所代替或废止的文件的历次版本发布情况。

示例：

以 GB/T 20001.11 为例，可以清楚看到前言的构成。

前　　言

本文件按照 GB/T 1.1—2020《标准化工作导则　第 1 部分：标准化文件的结构和起草规则》的规定起草。

GB/T 20001《标准编写规则》与 GB/T 1《标准化工作导则》、GB/T 20000《标准化工作指南》、GB/T 20002《标准中特定内容的起草》、GB/T 20003《标准制定的特殊程序》和 GB/T 20004《团体标准化》共同构成支撑标准制定工作的基础性国家标准体系。

本文件是 GB/T 20001 的第 11 部分。GB/T 20001 已经发布了以下部分：
——第 1 部分：术语标准；
——第 2 部分：符号标准；
——第 3 部分：分类标准；
——第 4 部分：试验方法标准；
——第 5 部分：规范标准；
——第 6 部分：规程标准；
——第 7 部分：指南标准；
——第 10 部分：产品标准；
——第 11 部分：管理体系标准。

本文件代替 GB/T 20000.7—2006《标准化工作指南　第 7 部分：管理体系标准的论证和制定》，与 GB/T 20000.7—2006 相比，除结构调整和编辑性改动外，主要技术变化如下：

a) 更改了管理体系的定义（见 3.1，GB/T 20000.7—2006 的 3.1）；
b) 增加了对两个术语"管理体系标准""核心内容"的定义（见 3.2、3.3）；
c) 增加了"管理体系标准的类别"一章（见第 4 章）；
d) 删除了提出、制定和维护管理体系标准的原则（见 GB/T 20000.7—2006 的第 5 章）；
e) 增加了起草管理体系标准的总体原则、总体要求（见第 5 章、第 6 章）；
f) 增加了管理体系标准正文中要素的核心内容（见 6.2.1 和附录 A）；
g) 增加了文件名称的编写规则（见 7.1）；
h) 更改了管理体系标准的结构（见 7.2，GB/T 20000.7—2006 的 7.3）；
i) 删除了"论证研究的过程和准则"（见 GB/T 20000.7—2006 的第 6 章）、"MSS 的制定过程"（见 GB/T 20000.7—2006 的 7.1、7.2）；
j) 增加了管理体系标准各要素的编写规则（见第 8 章）。

请注意本文件的某些内容可能涉及专利。本文件的发布机构不承担识别专利的责任。

本文件由全国标准化原理与方法标准化技术委员会（SAC/TC 286）提出并归口。

本文件起草单位：中国标准化研究院、中国合格评定国家认可中心、中国认证认可协会、齐鲁工业大学（山东省科学院）、山东省标准化研究院。

本文件主要起草人：杜晓燕、白殿一、王益谊、刘慎斋、逄征虎、李铁男、陈云华、孙兵、李佳、李刚、刘曦泽、杨沣江、车迪、牛娜娜。

本文件及其所代替文件的历次版本发布情况为：
——2006 年首次发布为 GB/T 20000.7—2006；
——本次为第一次修订。

（四）引言

引言是标准文件的要素之一，用于说明与文件自身内容相关的信息，不能包含要求性条款。对于分为部分的文件的每个部分，或者文件的某些内容涉及了专利，都应该设置引言。引言不应该给出章编号，如果引言的内容需要分条时，应该只对条编号，编为"0.1、0.2"等。

在引言中通常会给出编制该文件的原因、编制目的、分为部分的原因以及各部分之间关系等事项的说明，同时也会给出文件技术内容的特殊信息或说明。

如果在编制文件的过程中已经识别出文件的某些内容涉及专利，那么在引言中应该说明相关内容。具体的，引言中应该写明："本文件的发布机构提请注意，声明符合本文件时，可能涉及……［条］……与……［内容］……相关的专利的使用。本文件的发布机构对于该专利的真实性、有效性和范围无任何立场。该专利持有人已向本文件的发布机构承诺，他愿意同任何申请人在合理且无歧视的条款和条件下，就专利授权许可进行谈判。该专利持有人的声明已在本文件的发布机构备案。相关信息可以通过以下联系方式获得：专利持有人姓名：……，地址：……。请注意除上述专利外，本文件的某些内容仍可能涉及其他专利。本文件的发布机构不承担识别专利的责任。"

这样，读者可以通过引言了解文件的背景信息，同时也可以了解与文件相关的专利信息，以便更好地理解和应用标准。

示例：

引言

本标准的编制是为了规范家用电器中的电线和电缆的选用和安装，以保障家用电器的安全性和可靠性。本标准适用于所有家用电器中使用的电线和电缆。

本标准的分为部分是为了便于各个领域的专家和技术人员更好地理解和应用本标准。

本标准的第1部分规定了一般要求；第2部分规定了电线和电缆的选用

和安装；第 3 部分规定了特殊要求和试验方法。

　　本标准的编制委员会经过充分的研究和讨论，充分考虑了现有的国内外标准和规范，结合国内外相关领域的经验和技术，以保证本标准的科学性、合理性和适用性。

　　在编制本标准的过程中已经识别出，本标准涉及一些专利。本标准的发布机构提请注意，声明符合本标准时，可能涉及第 2 部分中与绝缘材料相关的专利的使用。本标准的发布机构对于该专利的真实性、有效性和范围无任何立场。该专利持有人已向本文件的发布机构承诺，他愿意同任何申请人在合理且无歧视的条款和条件下，就专利授权许可进行谈判。该专利持有人的声明已在本文件的发布机构备案。相关信息可以通过以下联系方式获得：

　　专利持有人姓名：×××

　　地址：×××

　　请注意除上述专利外，本标准的某些内容仍可能涉及其他专利。本标准的发布机构不承担识别专利的责任。

（五）规范性引用文件

　　规范性引用文件是标准文件中的一个要素，用于列出文件中规范性引用的文件清单。该要素应设置为文件的第二章，由引导语和文件清单构成。引导语应为"下列文件中的内容通过文中的规范性引用而构成本文件必不可少的条款。其中，标注日期的引用文件，仅该日期对应的版本适用于本文件；不标注日期的引用文件，其最新版本（包括所有的修改单）适用于本文件"。如果文件没有规范性引用文件，则应在章标题下给出"本文件没有规范性引用文件"的说明。

　　文件清单中应列出该文件中规范性引用的每个文件，不给出序号。根据引用文件的具体情况，文件清单中应选择列出相应的内容。对于标注日期的引用文件，应给出"文件代号、顺序号及发布年份号和/或月份号"以及"文件名称"；对于不标注日期的引用文件，应给出"文件代号、顺序号"以及"文件名称"；对于不标注日期引用文件的所有部分，应给出"文件代号、顺序号"和"(所有部分)"以及文件名称中的"引导元素(如果有)和主体元素"。对于引用国际文件、国外其他出版物,应给出"文件编号"或"文件代号、顺序号"以及"原文名称的中文译名",并在其后的圆括号中给出原文名称。对于标准化文件之外的其他引用文件和信息资源,应遵守 GB/T 7714 确定的相关规则。

根据引用文件的具体情况,文件清单中列出的引用文件的排列顺序为国家标准化文件,行业标准化文件,本行政区域的地方标准化文件(仅适用于地方标准化文件的起草),团体标准化文件,ISO、ISO/IEC 或 IEC 标准化文件,其他机构或组织的标准化文件,其他文献。其中,国家标准、ISO 或 IEC 标准按文件顺序号排列;行业标准、地方标准、团体标准、其他国际标准化文件先按文件代号的拉丁字母和/或阿拉伯数字的顺序排列,再按文件顺序号排列。

示例:

规范性引用文件

下列文件中的内容通过文中的规范性引用而构成本文件必不可少的条款。其中,注日期的引用文件,仅该日期对应的版本适用于本文件;不注日期的引用文件,其最新版本(包括所有的修改单)适用于本文件。

GB/T 1.1 标准化工作导则　第 1 部分:标准化文件的结构和起草规则

GB/T 3533.1 标准化效益评价　第 1 部分:经济效益评价通则

GB/T 3533.2 标准化效益评价　第 2 部分:社会效益评价通则

GB/T 20001 (所有部分)　标准编写规则

GB/T 20004.1—2016 团体标准化　第 1 部分:良好行为指南

GB/T 20004.2 团体标准化　第 2 部分:良好行为评价指南

GB/T 27001 合格评定　公正性　原则和要求

GB/T 27002 合格评定　保密性　原则和要求

GB/T 27003 合格评定　投诉和申诉　原则和要求

GB/T 27004 合格评定　信息公开　原则和要求

GB/T 27005 合格评定　管理体系的使用　原则和要求

GB/T 27007 合格评定　合格评定用规范性文件的编写指南

GB/T 27006 合格评定　良好操作规范

T/NSSQ 027—2022 团体标准制修订通用技术规范

团体标准管理规定（国标委联〔2019〕1号）

关于促进团体标准规范优质发展的意见（国标委联〔2022〕6号）

（六）术语和定义

术语和定义要素用于定义文件中一些必要术语的定义和解释，该要素由引导语和术语条目构成。该要素应设置为文件的第3章，为了表示概念的分类可以细分为条，每条应给出条标题。

术语条目应按概念层级分类和编排，或按术语的汉语拼音字母顺序编排，术语条目的排列顺序由术语的条目编号来明确。每个术语条目应包括四项内容，分别为条目编号、术语、英文对应词、定义，可以增加其他内容，如符号、概念的其他表述形式、示例、注、来源等。术语条目不应编排成表的形式，其任何内容均不得插入脚注。

术语和定义这一要素中界定的术语应同时符合下列三个条件。首先是文件中至少使用两次，专业的使用者在不同语境中理解不一致，尚无定义或需要改写已有定义，属于文件范围所限定的领域内；其次是如果文件中使用了文件范围所限定的领域之外的术语，可在条文的注中说明其含义，不应界定其他领域的术语和定义；最后是术语和定义中应尽可能界定表示一般概念的术语，而不界定表示具体概念的组合术语。

定义应使用陈述性条款，既不应包含要求性条款，也不应写成要求的形式。附加信息应以示例或注的表述形式给出。在特殊情况下，如果确有必要抄录其他文件中的少量术语条目，应在抄录的术语条目下准确地标明来源，并在需要改写所抄录的术语条目中的定义时，在标明来源处予以指明。

示例：

术语和定义

下列术语和定义适用于本文件。

民间金融　informal finance

非金融机构的自然人、法人以及其他经济主体之间以货币资金为标的的价值转移及本息支付活动。

民间金融中介服务机构　informal financial intermediary services

受委托并运用专业知识、方法、经验，为公民与公民、自然人与法人及其他经济主体之间的民间金融活动，提供合法信息、咨询及相关辅助性服务的法人。

小额贷款机构　microlending institution

由自然人、企业法人与其他社会组织投资设立，不吸收公众存款，经营小额贷款业务的相关组织。

注：见《关于小额贷款公司试点的指导意见》。

……

（七）规范性附录和资料性附录

附录是在文件中用来承接和安置一些不便在正文、前言或引言中表述的内容的一种要素。它可以对正文、前言或引言进行补充或附加，使文件的结构更加平衡。附录的内容来源于正文、前言或引文中的内容。当正文规范性要素中的某些内容过长或属于附加条款时，可以将一些细节或附加条款移出，形成规范性附录。当文件中的示例、信息说明或数据等过多时，可以将其移出，形成资料性附录。

附录分为规范性附录和资料性附录两种类型。规范性附录用于给出正文的补充或附加条款，而资料性附录则给出有助于理解或使用文件的附加信息。在目次中和附录编号之下应标明附录的类型（规范性或资料性），同时在将正文、前言或引言的内容移到附录之处还应通过适当的表述形式予以指明，并提及该附录的编号。

附录的位置应位于正文之后、参考文献之前。附录的顺序取决于其被移作附录之前所处位置的前后顺序。每个附录均应有附录编号，由"附录"和随后表明顺序的大写拉丁字母组成，字母从 A 开始，如"附录 A""附录 B"

等。当只有一个附录时，仍应给出附录编号"附录A"。附录编号之下应标明附录的类型（规范性或资料性），再下方为附录标题。

附录可以分为条，条还可以细分。每个附录中的条、图、表和数学公式的编号均应重新从1开始，应在阿拉伯数字编号之前加上表明附录顺序的大写拉丁字母，字母后跟下脚圆点。例如，附录A中的条用"A.1""A.1.1""A.1.2"……"A.2"……表示；图用"图A.1""图A.2"……表示；表用"表A.1""表A.2"……表示；数学公式用"（A.1）""（A.2）"……表示。

附录中不允许设置"范围""规范性引用文件""术语和定义"等内容。

示例：

例1.

假设有一份技术规范，其中规定了某种产品的设计、制造和测试要求。为了确保所有制造商都能够遵守这些要求，该规范可能会包含一个规范性附录，其中详细说明了如何进行这种产品的测试，以及测试方法应该符合哪些标准和要求。例如，该规范的附录A可能包括以下内容：

A.1 测试方法

A.1.1 该产品的静态负载测试应该按照ASTM E8标准进行，测试时应该使用50mm悬臂梁，负载应该在每分钟1mm的速度下施加至50kN，测试结果应该在曲线上绘制并计算出其最大应力和伸长率。

A.1.2 该产品的冲击测试应该按照ISO 148标准进行，测试时应该使用25J冲击锤，冲击时应该从1m的高度落下，测试结果应该在曲线上绘制并计算出其最大冲击能量吸收量。

A.2 报告要求

A.2.1 测试结果应该记录在测试报告中，包括测试日期、测试人员、测试设备、测试方法、测试条件和测试结果等信息。

A.2.2 测试报告应该由质量部门进行审核，并附上审核结果和签名。

这些规范性条款是该规范文件的一部分，它们是必须遵守的要求，以确保产品符合规范的要求，并确保产品的质量和可靠性。

例 2.

附录 A（资料性）

数据表格

表 A.1 数据摘要

指标	数值
样本数	200
平均年龄	35
平均收入	5000 元
教育程度	高中及以下（%）：30，大学及以上（%）：70
婚姻状况	已婚（%）：60，未婚（%）：40

表 A.2 区域分布

区域	人口数量（单位：万）
北京	100
上海	90
广州	80
深圳	70
成都	60

表 A.3 产品销售情况

月份	销售额（单位：万元）
1 月	5000
2 月	6000
3 月	7000
4 月	8000
5 月	9000
6 月	10000

以上为该文件的资料性附录，提供了一些数据表格，有助于读者更好地理解文件内容。每个附录均有编号和作用标识，表格有清晰的标题和编号。

（八）参考文献

参考文献是用来列出文件中所引用的资料性文件和其他信息资源的清单。

该要素不应分条,应该置于最后一个附录之后。如果文件中有资料性引用的文件,则应设置该要素。清单中应列出该文件中资料性引用的每个文件。列出的清单可以通过描述性的标题进行分组,标题不应编号。

清单中所列内容及其排列顺序应符合 GB/T 1.1 中 8.6.3 的相关规定,其中列出的国际文件、国外文件不必给出中文译名。清单中每个参考文件或信息资源前应在方括号中给出序号。根据文件中引用文件的具体情况,清单中列出的引用文件的排列顺序为国家标准化文件,行业标准化文件,本行政区域的地方标准化文件(仅适用于地方标准化文件的起草),团体标准化文件,ISO、ISO/IEC 或 IEC 标准化文件,其他机构或组织的标准化文件,其他文献。

清单中列出的在线文献应包括作者、标题、出版日期、网址和访问日期。对于打印的文献,应列出作者、文章标题、书名、出版日期、页码和出版社等信息。清单中列出标准化文件之外的其他引用文件和信息资源(印刷的、电子的或其他方式的),应遵守 GB/T 7714 确定的相关规则。

示例:

参考文献

[1]《关于小额贷款公司试点的指导意见》

[2]《融资性担保公司管理暂行办法》

[3]《融资租赁企业监督管理办法》

(九)索引

索引是文件中用来方便用户通过关键词检索内容的一种途径。如果需要设置索引,它应该放在文件的最后一个要素。索引由关键词构成的列表组成,每个关键词对应文件的章、条、附录和/或图、表的编号。索引通常按照关键词的汉语拼音字母顺序编排,为了方便检索,可以在拼音首字母相同的索引项之上标出相应的字母。电子文本的索引应该自动生成。

三、GB/T 1.1 的其他写作介绍

GB/T 1.1 中的十个要素项和 GB/T 20001.4—GB/T 20001.11 中的所规定

要素项的总和就是完成一个标准（试验方法标准、规范标准、规程标准、指南标准、评价标准（未发布）、产品标准、管理体系标准）一般所涉及的所有章节的编写方法。能掌握好每个要素项的处理，我们就能拥有良好的标准写作技能。

此外，除了以上所述，GB/T 1.1还有其他的写作方法规定。也就是说，如果实际写作中需要更多的表达方式，也是可以使用的。如图2-4所示，以下将简要说明。

如图2-4所示，实心框内的部分是除十个重点要素项外的其他写作要求，分别包括文件的类别、目标和原则要求、文件名称和结构、层次的编写、要素的编写、要素的表达、编排格式等。这些部分对于标准写作也有其各自的作用。从实用写作的角度来看，这些部分可以视为其次重要的问题，即一般来说，这些问题对标准写作不会产生关键性的影响，但也有着自身的重要性。

由于本书着重于实用技术，所以这些部分的内容读者可以根据实际需要，查询GB/T 1.1规定的对应部分即可。对于大部分人来说，并不是专门从事标准编写的技术人员，要达到熟练掌握这些部分的写作细节程度，没有这种必要性。所以，只要知晓我们写作问题所对应的解决方法在GB/T 1.1的哪个部分就可以了。我们可以将GB/T 1.1当成一个字典，对应查询问题，然后在标准中找到参考例子，就可以有效解决问题了。以下简要介绍文件的类别、目标和原则要求、文件名称和结构、层次的编写、要素的编写、要素的表达、编排格式的内容。

（一）文件的类别

标准化文件的类别，包括我国标准化文件和国际标准化文件。我国标准化文件包括标准、标准化指导性技术文件和文件的某个部分等类别，而国际标准化文件则包括标准、技术规范、可公开提供的规范、技术报告、指南和文件的某个部分等类别。确认标准的类别可以帮助起草者起草适用性更好的标准，根据不同的属性可以将标准划分为不同的类别。其中，按照标准化对象可以将标准划分为产品标准、过程标准和服务标准等类别，按照标准内容的

图2-4 GB/T 1.1写作结构

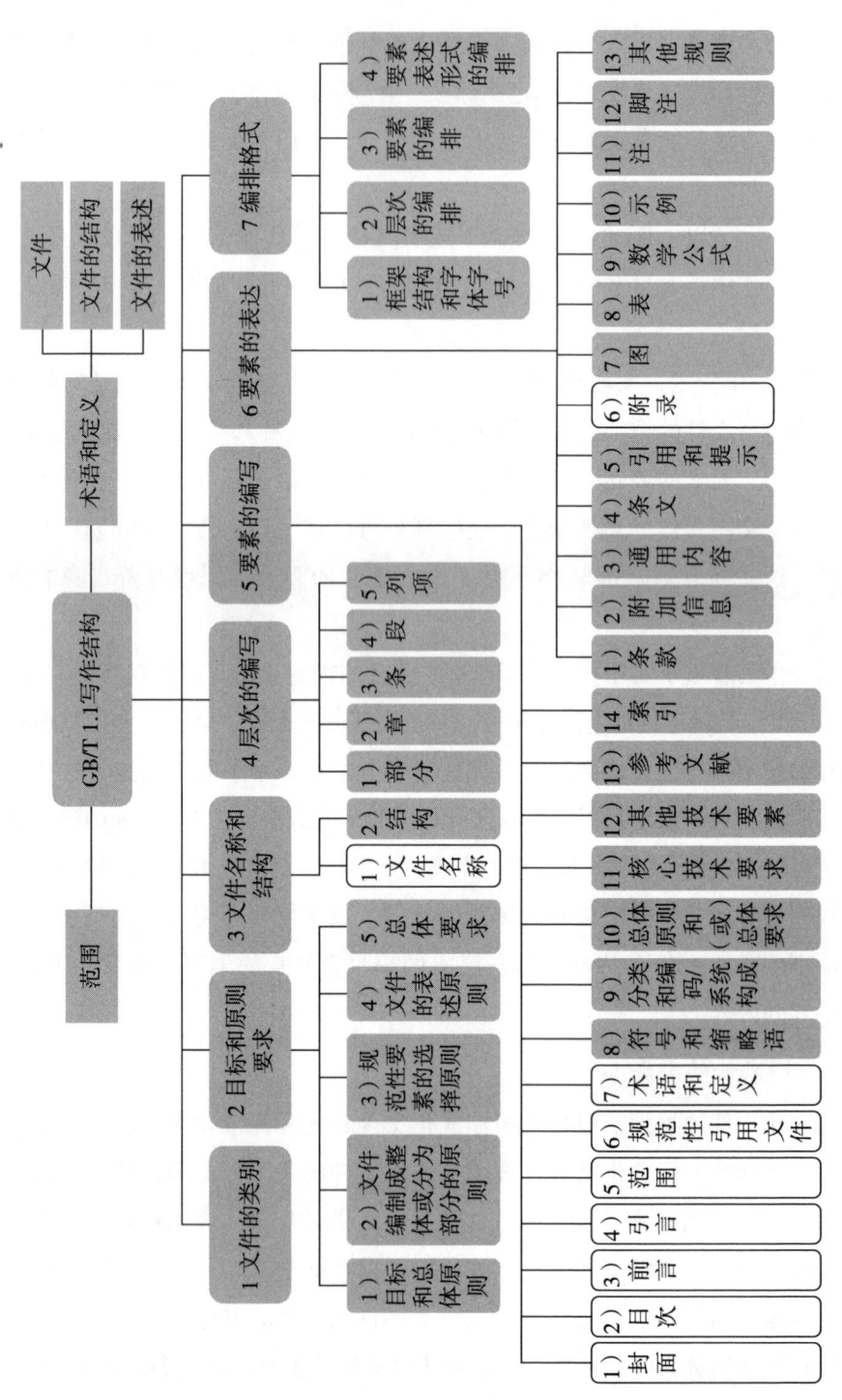

功能可以将标准划分为术语标准、符号标准、分类标准、试验标准、规范标准、规程标准和指南标准等类别。通过对标准的类别进行确认，可以更好地确定标准的适用性和功能。

（二）目标和原则要求

文件编制的目标是通过规定清楚、准确和无歧义的条款，使得文件能够为未来技术发展提供框架，并被未参加文件编制的专业人员所理解且易于应用，从而促进贸易、交流以及技术合作。文件编制的总体原则是充分考虑最新技术水平和当前市场情况，认真分析所涉及领域的标准化需求；在准确把握标准化对象、文件使用者和文件编制目的的基础上，明确文件的类别和/或功能类型，选择和确定文件的规范性要素，合理设置和编写文件的层次和要素，准确表达文件的技术内容。

文件编制可以分为整体文件和若干部分的文件，针对一个标准化对象通常宜编制成一个无须细分的整体文件，在特殊情况下可编制成若干部分的文件。在开始起草文件之前，需要考虑文件拟分为部分的原因以及文件分为部分后各部分之间的关系，预期每个部分的名称和范围。

在选择规范性要素时，需要考虑标准化对象原则、文件使用者原则和目的导向原则，以便确认拟标准化的是产品/系统、过程或服务，还是与某领域相关的内容，以及文件针对的是哪一方面的使用者和编制目的。

文件的表述原则包括一致性原则、协调性原则和易用性原则。起草的文件与现行有效的文件之间宜相互协调，避免重复和不必要的差异。文件内容的表述宜便于直接应用，并且易于被其他文件引用或剪裁使用。

（三）文件名称和结构

文件名称是对文件主题的清晰、简明的描述，应置于封面和正文首页最上方，不应包含不必要的细节，由引导元素、主体元素和补充元素组成。可选元素的选择取决于主体元素和补充元素的描述是否明确，应避免限制文件的范围。文件结构可以按照从属关系划分为若干层次，包括部分、章、条和段，也可以根据功能划分为规范性要素和资料性要素，其中规范性要素由条款和/或附加信息构成，资料性要素由附加信息构成。规范性要素中，范围、术语和定义、核心技术要素是必备要素，其他是可选要素；资料性要素中，封面、前言、规范性引用文件是必备要素，其他是可选要素。要素的选择应根据具体情况进行，要素的标题和内容也可以进行调整。

（四）层次的编写

文档层次的编写方法，包括部分、章、条和列项。部分是一个文件划分出的第一层次，每个部分可以单独编制、修订和发布，并与整体文件遵守同样的起草原则和规则。部分可以按照不同的划分原则分为若干部分，例如将标准化对象分为若干个特殊方面或通用和特殊两个方面。部分编号应置于文件编号中的顺序号之后，使用从1开始的阿拉伯数字，并用下角圆点与顺序号相隔。

章是文件层次划分的基本单元，应使用从1开始的阿拉伯数字对章编号。每一章均应有章标题，并应置于编号之后。

条是章内有编号的细分层次，条编号应使用阿拉伯数字并用下脚圆点与章编号或上一层次的条编号相隔。条可以进一步细分，但细分层次不宜过多，最多可分到第五层次。在无标题条的首句中可以使用黑体字突出关键术语或短语，以便强调各条的主题。

段是章或条内没有编号的细分层次，为了不在引用时产生混淆，不宜在章标题与条之间或条标题与下一层次条之间设段（称为"悬置段"）。

列项是段中的子层次，用于强调细分的并列各项中的内容。列项可以进一步细分为分项，这种细分不宜超过两个层次。在列项的各项之前应标明列项符号或列项编号，通常在第一层次列项的各项之前使用破折号，第二层次列项的各项之前使用间隔号。列项中的各项如果需要识别或表明先后顺序，在第一层次列项的各项之前使用字母编号。在列项中可以使用黑体字突出关键术语或短语，以便强调各项的主题。

（五）要素的编写

要素编写部分涉及了标准文件中的一些术语和定义、符号和缩略语、分类和编码/系统构成、总体原则和/或总体要求、核心技术要素、其他技术要素、参考文献和索引的设置和要求。

（1）术语和定义用来界定理解文件中某些术语所必需的定义，由引导语和术语条目构成。该要素应设为第 3 章，为表示概念的分类可以细分为条，每条给出条标题。术语条目宜按照概念层级分类和编排，如无法或无须分类可按术语的汉语拼音字母顺序编排。每个术语条目应含四项内容，分别为条目编号、术语、英文对应词、定义。根据需要还可增加其他内容。

（2）符号和缩略语用来给出为理解文件所必需的、文件中使用的符号和缩略语的说明或定义，由引导语和带有说明的符号和/或缩略语清单构成。如需设置符号或缩略语，宜作为第 4 章。清单中的符号和缩略语之前均不给出序号，且宜按照字母顺序列出。

（3）分类和编码用来给出针对标准化对象的划分以及对分类结果的命名或编码，以便在文件核心技术要素中针对标准化对象的细分类别作出规定。通常涉及"分类和命名""编码和代码"等内容。根据需要该要素可并入"术语和定义"。

（4）总体原则用来规定为达到编制目的需要依据的方向性的总框架或准则。文件中随后各要素中的条款或需要符合或具体落实这些原则，从而实现文件编制目的。总体要求用来规定涉及整体文件或随后多个要素均需规定的要求。

（5）核心技术要素表述标准特定功能的要素。类型不同，其核心技术要素就不同，表述核心要素使用的条款类型也不同。各功能类型标准所具有的核心技术要素以及所使用的条款类型应符合规定。各功能类型标准的核心技术要素的具体编写应遵守 GB/T 20001（所有部分）的规定。

（6）其他技术要素按具体情况，文件中还可设置其他技术要素，如试验条件、仪器设备、取样、标志、标签和包装、标准化项目标记、计算方法等。

（7）参考文献用来列出文件中资料性引用的文件清单和其他信息资源清单，例如，起草文件时参考过的文件，以供参阅。

（8）如果需设置参考文献，应置于最后一个附录之后。文件中有资料性引用的文件，应设置该要素。该要素不应分条，列出的清单可通过描述性标题进行分组，标题不应编号。

（9）清单中应列出该文件中资料性引用的每个文件。每个列出的参考文件或信息资源前应在方括号中给出序号。国际文件、国外文件不必给出中文译名。

（六）要素的表达

1. 条款

条款类型包括要求、指示、推荐、允许和陈述，它们可以出现在不同的文本中，例如，规范性要素的条文、图表脚注、图与图题之间的段或表内的段。为了确保文件使用者能够清晰地理解和遵守这些条款，应使用适当的能愿动词或句子语气类型来描述这些条款。在一些特殊情况下，可能需要使用其他语言表述来描述这些条款。

2. 附加信息

附加信息的表述形式包括示例、注、脚注、图表脚注、文件清单、信息资源清单、目次列表和索引列表等。除图表脚注外，这些附加信息应该是对事实的陈述，不应该包含要求、指示、推荐或允许性条款。如果在示例中包含这些类型的条款，是为了提供与这些表述有关的例子，那么可以在线框内进行说明，不视为不符合上述规定。

3. 通用内容

根据具体的内容，通用内容可以使用"通用要求""通则""概述"作为条标题。通用要求主要是用来规定某章节或条款中涉及多个要求的内容，并且使用的条款中应至少包含要求性条款。通则则用来规定与某章节或条款的共性内容相关或涉及多条的内容，条款中应包含要求性条款，还可包含其他类型的条款。而概述则是用来给出与某章节或条款内容有关的陈述或说明，使用的条款应是陈述性条款，不应包含要求、指示或推荐性条款。在一般情况下，除非有必要，一般不会设置"概述"。

4. 条文

条文主要是关于规范文件中的汉字、标点符号、常用词、全称、简称、缩略语、数和数值的表示、尺寸和公差以及量、单位及其符号等方面的规定。具体来说，该文要求在文件中使用的汉字应为规范汉字，使用的标点符号应符合 GB/T 15834 的规定。同时，针对常用词的使用，文中规定了"遵守"和"符合"应用于不同情况的表述方式，并且对"尽可能""尽量""考虑""避免""慎重"等词语的使用也进行了限制。此外，文中也详细说明了全称、简称和缩略语的使用规则，并对数和数值的表示方式进行了规定，要求使用后跟法定计量单位符号的阿拉伯数字表示物理量的数值。对于尺寸和公差的表示，文中要求以无歧义的方式表示，并给出了相关示例。最后，文中强调了量、单位及其符号应从特定标准中选择，并符合其规定。总的来说，该段文字主要是为了确保文件的规范性和准确性而制定的规范要求，旨在提高文件的可读性和可理解性，从而更好地满足读者的需求。

5. 引用和提示

在起草文件时，我们需要引用和提示其他文件中的内容。这些内容可能已经包含在现行有效的其他文件中并适用，或者包含在文件自身的其他条款中。我们应该通过提及文件编号或文件内容编号的表述形式，引用和提示所需要的内容，以避免造成文件间或文件内部的不协调、文件篇幅过大以及抄录错误等问题。

对于在线引用文件，我们应该提供足以识别和定位来源的信息，以确保可追溯性。在文件修订时，我们需要确认所有引用文件的有效性。在文件中需要称呼文件自身时，应使用"本文件……"的表述形式。对于分为部分的文件中的某个部分需要称呼其所在文件的所有部分时，我们应使用"GB/T ×××××"的表述形式。

当我们需要提及文件具体内容时，不应提及页码，而应提及文件内容的编号。在引用其他文件时，我们需要注日期或不注日期引用。注日期引用意味着被引用文件的指定版本适用，需要指明年份，并提及文件编号和内容编号。不注日期引用意味着被引用文件的最新版本适用，只有能够接受所引用内容将来的所有变化，并且引用了完整的文件，或者未提及被引用文件具体内容的编号，才可不注日期。

规范性引用的文件内容构成了引用它的文件中必不可少的条款。在文件中，规范性引用与资料性引用的表述应明确区分。文件中所有规范性引用的文件，无论是注日期还是不注日期，均应在要素"规范性引用文件"中列出。资料性引用的文件内容构成了有助于引用它的文件的理解或使用的附加信息。在文件中，凡由规范性引用之外的表述形式提及文件均属于资料性引用。文件中所有资料性引用的文件都应当在要素"参考文献"中列出，以方便使用者进一步了解文件内容。

引用其他文件时，还需要注意被引用文件的更新和变更。当引用的文件更新或变更时，需要及时修订并注明日期，确保引用内容的准确性和有效性。对于规范性引用的文件，应当及时关注其更新和变更情况，并及时进行修订。同时，在修订文件时，也需要对之前的引用内容进行检查和更新，确保其与修订后的文件一致。

此外，在引用其他文件时，还需要注意版权问题。未经许可擅自引用他人作品，可能涉嫌侵权。因此，在引用其他文件时，应当注明出处，并尽可能遵守版权法规的规定，确保版权的合法性。

总之，在起草文件时引用其他文件是常见的行为，但需要注意引用的目的、内容、表述方式、更新和变更以及版权等问题。只有准确表述、遵守规范、确保引用信息的正确和可信性，才能提高文件的可读性、可理解性和实用性，进而为使用者提供更多的帮助和便利。

6. 附录

附录是用来补充或附加文件正文、前言或引言中不便表述的内容的一种结构，它可以是规范性的或资料性的。规范性附录给出正文的补充或附加条款，而资料性附录则给出有助于理解或使用文件的附加信息。附录的设置可以使文件的结构更加平衡。附录的内容源自正文、前言或引文中的内容。当正文中的某些内容过长或属于附加条款，可以将一些细节或附加条款移出，形成规范性附录。当文件中的示例、信息说明或数据等过多，可以将其移出，形成资料性附录。

附录的规范性或资料性的作用应在目次中和附录编号之下标明，并且在将正文、前言或引言的内容移到附录之处时，还应用适当的表述形式予以指明，同时提及该附录的编号。附录的位置应位于正文之后，参考文献之前。附录的顺序取决于其被移作附录之前所处位置的前后顺序。每个附录均应有附录编号。附录编号由"附录"和随后标明顺序的大写拉丁字母组成，字母从A开始，如"附录A""附录B"等。只有一个附录时，仍应给出附录编号"附录A"。附录编号之下应标明附录的作用，即"（规范性）"或"（资料性）"，再下方为附录标题。

附录可以分为条，条还可以细分。每个附录中的条、图、表和数学公式的编号均应重新从1开始，应在阿拉伯数字编号之前加上表明附录顺序的大写拉丁字母，字母后跟下脚圆点。例如，附录A中的条用"A.1""A.1.1""A.1.2"……"A.2"……表示；图用"图A.1""图A.2"……表示；表用"表A.1""表A.2"……表示；数学公式用"（A.1）""（A.2）"……表示。但是，附录中不准许设置"范围""规范性引用文件""术语和定义"等内容。

7. 图

图是一种将文件内容以图形化的形式表述的方法。如果使用图比使用文字更容易理解相关内容，就应该使用图。当然，如果用线图无法表达某些图形，可以使用图片和其他媒介。在将文件内容图形化时，应指明该图所代表的条款类型，并同时提及该图的图编号。每幅图都应有编号，编号由"图"和从1开始的阿拉伯数字组成，如"图1""图2"等。每幅图应该有图题，并且文件中的图有无图题应该保持一致。如果某幅图需要转页接排，其余页应该重复图编号、后接图题和"（续）"或"(第#页/共*页)"，其中#为该图当前的页面序数，*是该图所占页面的总数，均使用阿拉伯数字。在图中用于表示角度量或线性量的字母符号应符合 GB/T 3102.1 的规定，必要时，使用下标以区分特定符号的不同用途。图中表示各种长度时使用符号系列 l_1、l_2、l_3 等，而不使用诸如 A、B、C 或 a、b、c 等符号。如果图中所有量的单位均相同，应在图的右上方用一句适当的关于单位的陈述（如"单位为毫米"）表示。在图中应使用标引序号或图脚注代替文字描述，文字描述的内容在标引序号说明或图脚注中给出。在曲线图中，坐标轴上的标记不应以标引序号代替，以避免标引序号的数字与坐标轴上数值的数字混淆。曲线图中的曲线、线条等的标记应以标引序号代替。在流程图和组织系统图中，允许使用文字描述。分图会使文件的编排和管理变得复杂，应该避免使用。只有当图的表示或内容的理解特别需要时（例如，各个分图共用诸如"图题""标引序号说明""段"等内容），才可使用分图。只准许对图作一个层次的细分，分图应使用后带半圆括号的小写拉丁字母编号，例如，图1可以包含分图a)、b) 等，不应使用其他形式的编号。如果每个分图中都包含了各自的标引序号说明、图中的注或图脚注，那么应将每个分图调整为单独的图。

8. 表

表是文件内容的一种表格化表述形式，能够帮助读者更方便地理解相关内容。使用表格的时候，应该注意简明扼要，避免一个表格包含太多内容。在使用表格时，应该使用适当的动词或句子语气类型来指明表格所表示的条款类型，并同时提及该表的编号。每个表都应该有编号，并从引言开始一直连续到附录之前。每个表宜有表题，文件中的表有无表题应一致。如果某个表需要转页接排，应在随后接排该表的各页上重复表编号、标题和页码信息。在表头中，应该包含量和单位的符号表示，如果所有量的单位相同，则可以在表的右上方用适当的陈述代替各栏中的单位符号。表头不允许使用斜线。表中的注和表脚注规定见相应条目。不允许将表再细分为分表，也不允许表中套表或表中含有带表头的子表。

9. 数学公式

数学公式是文件内容的一种表述形式，通常在需要使用符号表示量之间关系时使用。数学公式应该以正确的数学形式表示，使用量关系式表示，变量应由字母符号来代表。在数学公式后，应该用"式中:"引出对字母符号含义的解释。特殊情况下，如果数学公式使用了数值关系式，应该解释表示数值的符号，并给出单位。在文件的条文中，应该避免使用多于一行的表示形式。在数学公式中，应该避免使用多于一个层次的上标或下标符号，并避免使用多于两行的表示形式。如果需要引用或提示，应使用带圆括号从1开始的阿拉伯数字对数学公式编号。数学公式编号应从引言开始一直连续到附录之前，并与章、条、图和表的编号无关。不允许将数学公式进一步细分，例如将公式"（2）"分为"（2a）"和"（2b）"等。同一个符号不应代表不同的量，可以用下标区分表示相关概念的符号。

10. 示例

示例可以用来帮助更好地理解或使用文件，示例应该置于所涉及的章或条之下。如果一个章或条只有一个示例，应在示例的具体内容之前标明"示例:"；如果有多个示例，应标明示例编号，从"示例1"开始。示例不应该单独设立章或条，如果示例较多或所占篇幅较大，可以"……示例"为标题形成资料性附录。有些示例与编排格式有关或者易于与文中的条款混淆，此时可以将示例内容置于线框内以示区别。

11. 注

注是对文件内容的一种补充说明，它可以出现在文件的各个部分，如条文中、术语条目中、图中和表中等。在条文中的注通常位于所涉及的章、条或段之下，术语条目中的注通常位于示例之后，图中的注通常位于图题和图脚注之上，而表中的注则通常位于表内下方。每个章、条、术语条目、图或表中只有一个注时，在注的第一行内容之前应标明"注:"，有多个注时，则应标明注编号，同一章（未分条）或条、术语条目、图或表中注编号均从"注1:"开始，即"注1:""注2:"等。

12. 脚注

条文脚注是用于对特定内容进行补充说明的附加信息，应该尽量少用。它们应该位于相关页面的左下方，并使用阿拉伯数字从"前言"开始进行编号，编号形式为后带半圆括号的数字。在条文中需要注释的文字或符号后应插入与脚注编号相同的上标数字，以明确表示脚注。

相比之下，图表脚注遵循不同的规则。图脚注应该位于图题之上，并紧跟图中的注。表脚注应该位于表内的最下方，并紧跟表中的注。图表脚注的编号应该从"a"开始，使用小写拉丁字母的上标形式进行编号。在图或表中需要注释的位置应插入与图表脚注编号相同的上标小写拉丁字母。每个图或表中的脚注应该单独编号。

最后，图表脚注还可以包含要求性条款，因此编写脚注相关内容时应使用适当的能愿动词或句子语气类型，以明确区分不同的条款类型。

13. 其他规则

文件编写中的其他规则，主要包括商品名和商标的使用、专利事项以及重要提示三个方面。在文件中应该使用正确名称或描述产品，而不应该使用商品名或商标。如果必须使用商品名或商标，应指明其性质，例如，使用注册商标符号或商标符号。如果适用某文件的产品只有一种，可以给出该产品的商品名或商标，但应附上脚注说明，以便用户了解产品来源和等效产品信息。如果产品特性难以描述，可以在如下脚注中给出市售产品的一个或多个实例。关于专利事项，文件中的说明和表述应遵守附录D的规定。如果文件涉及人身安全或健康问题，需要在正文首页使用"重要提示""危险""警告"或"注意"等词语引起注意，并给出相关内容。在编写这类文件时需要特别考虑是否需要给出重要提示。

（七）编排格式的内容

涵盖了文档的各个方面，如要素表述形式的编排、附录、图和表、数学公式、注和脚注、示例、量、单位及其符号等。这些要求在一定程度上可以提高文件的可读性和可理解性，帮助读者更好地理解文件的内容。

在要素表述形式的编排方面，需要将每个附录独立排版，并且符合规定的格式。附录编号、附录的作用以及附录标题需要分别占一行，居中编排。

在图和表方面，需要让每幅图与其前面的条文以及每个表与其后面的条文之间都空一行。图和表编号后应该留一个汉字的间隙，并紧接着排出题目。图题和表题需要居中放置，且编号和题目之间应该各空半行。表中的外框线、表头的框线以及表中的注、表脚注所在的框线都需要使用粗实线。表格中的段落需要空出一个汉字的位置，并在回车时顶格编排，段落后不需要加标点符号。数字需要居中编排，同列的数字需要上下个位或小数点对齐。表格中相邻的数字或文字内容相同时，不应使用"同上""同左"等字样，而应以通栏表示，也可写上具体数字或文字。表格单元格中不应有空格，如果某个单元格没有任何内容，应使用一字线形式的连接号表示。

在数学公式方面，文件中的数学公式需要另行居中编排。较长的数学公式需要在等号、加号、减号、正号或负号之后，必要时在乘号、点号或除号之后回车。数学公式中的分数线、主线和辅线需要明确区分。数学公式编号需要右端对齐，并通过"……"与公式相连。数学公式下方的"式中："需要留出两个汉字的空白，单独占据一行。需要解释的符号应该按先左后右、先上后下的顺序分行说明，每行空两个汉字的位置，并用破折号与释文连接，回车时需要与上一行的释文文字位置左对齐，各行的破折号需要对齐。

在注和脚注方面，条文中的注、术语条目中的注、图中的注和表中的注应该另行空两个汉字起排，文字回行时应该与注的内容的文字位置左对齐。此外，条文脚注应该另行空两个汉字起排，其后的文字以及文字回行均应置于距版心左边五个汉字的位置。分隔条文脚注与正文的细实线长度应该是版心宽度的四分之一。图脚注应该另行空两个汉字起排，其后的文字以及文字回行均应置于距版心左边四个汉字的位置。表脚注应该另行空两个汉字起排，其后的文字以及文字回行均应置于距表的左框线四个汉字的位置。

在示例方面，示例应该另行空两个汉字起排。"示例："或"示例×："宜单独占一行。文字类的示例回行时宜顶格编排。区分示例的线框应该是细实线。

在量、单位及其符号方面，表示变量的符号应该用斜体表示，其他符号应该用正体表示。表示平面角的度、分和秒的单位符号应该紧跟数值之后；所有其他单位符号前均应空四分之一个汉字的间隙。此外，GB/T 20003.1 还规定了在制定标准的过程中处理涉及专利的程序，根据具体情况，在文件草案或正式文件中的相关要素中需要给出相应的说明。

第三节　标准的起草

好标准的编写本质上是一种系统工程的文字化过程。其核心对象是"解决问题"。所以系统化解决问题需要从全局观念出发，以最优化方法求得系统整体的最优的综合化的组织、管理、技术和方法。因此，我们可以在GB/T 1《标准化工作导则》等基础性系列国家标准的原理基础上，通过确定主题、选择类型、设定结构、内容填充和综合优化5个步骤，合理编排顺序实现标准的有效编写，从无到有，完成标准的高质量起草，形成标准草案，以应对复杂环境下带来的写作挑战。在这里我们并不纠结标准的每一个具体格式要求，因为这些都可以通过GB/T 1.1—2020《标准化工作导则 第1部分：标准化文件的结构和起草规则》查询到对应的表达方式。我们主要论述的是标准写作的系统化方法。

一、确定主题

确定主题是标准化工作的基础，它决定了标准的适用范围和目的。标准的主题应该满足以下几个方面的要求。首先，需要明确标准的应用领域和对象，即标准所适用的范围、行业和领域。其次，需要明确标准的目的和意义，此外，需要考虑标准制定的需求，即标准制定的原因和背景，比如技术更新、市场需求等。最后，还需要评估标准编写的可行性，即考虑是否有足够的技术、资源、经验和专家支持来编写标准，能否被实际应用。只有在充分明确标准的主题和范围的基础上，才能编写出适用性强、可操作性强的标准，确保标准的实用性和权威性。

主题一般来说就是标准化对象，通常可以是产品或服务、流程或方法、管理或技术等，通常通过实地调研、文献查询分析、市场调查等方法以帮助确定主题。

示例：

如果要制定一份标准来规范汽车生产过程中的安全措施，我们需要明确主题或标准化对象，即安全措施的制定和应用范围。首先，我们需要确定标准的应用领域和对象，即汽车制造业，特别是汽车生产过程中的安全措施。其次，我们需要明确标准的目的和意义，即通过制定标准来规范汽车生产过程中的安全措施，提高生产过程中的安全性，降低生产过程中的安全事故发生率；此外，我们需要考虑标准制定的需求，如政策法规要求、市场需求等。最后，我们需要评估标准编写的可行性，即是否有足够的技术、资源、经验和专家支持来编写标准，能否被实际应用。通过对标准化对象的明确定义，我们才能编写出适用性强、可操作性强的标准，确保标准的实用性和权威性。

二、选择类型

确定了主题后，我们就可以根据具体的行为选择适合的标准写作类型。包括试验方法、规范、规程、指南、评价、产品和管理体系等[①]。具体来说，在选择标准的写作类型时，需要考虑标准的目的和适用范围、内容和要求、使用方式以及权威性和实用性等方面。根据这些考虑，可以匹配出对应的写作类型，如试验方法、规范、指南、评价、产品标准等，以满足不同领域和对象的需求。例如，试验方法适用于对产品或材料的物理或化学性质进行测试，规范用于指导产品或服务的设计、生产、使用、维护等方面的规定，指南用于提供技术指导和建议，评价用于对产品、服务、流程等进行评估，产品标准用于规定产品的技术要求等。

除上述考虑因素外，有时还需要考虑具体行业的规定和标准，例如，某些行业可能需要遵守特定的安全标准或环保标准。可能还需要考虑标准的发展趋势和未来需求，以便制定更具前瞻性和应用性的标准。此外，标准的写作类型还可根据不同的目标受众和应用场景进行选择，如面向技术人员的技术规范和面向消费者的产品标准等。综合考虑以上因素，选择适合的标准写作类型，编写出权威、实用、前瞻的标准，将有助于促进产业发展和提升产品质量。

示例：

假设我们是一个汽车制造公司的工程师，我们需要编写一份针对该公司

[①] 需要特别说明的是，考虑到符号、术语、分类标准编写的特殊性，本书没有安排对应部分讲解其编写，读者可自行查阅 GB/T 20001.1、GB/T 20001.2 和 GB/T 20001.3 进行学习。

生产的汽车的标准。首先，我们需要确定主题，即标准化对象，这可以是产品或服务、流程或方法、管理或技术等。在这个例子中，我们的标准化对象是汽车生产的流程和产品。其次，我们需要根据标准的目的和适用范围、内容和要求、使用方式以及权威性和实用性等方面的考虑，选择适合的标准写作类型。在这个例子中，显然我们应该编写一份规范标准，以指导该公司的汽车设计、生产、使用和维护等。在编写规范标准时，我们需要明确该标准的适用范围，即适用于哪些类型的汽车，以及规范的内容和要求，如汽车的设计、材料选择、生产流程、安全性能、维护保养等方面的要求。除以上考虑因素外，我们还需要考虑具体行业的规定和标准。在汽车制造行业，我们需要遵守特定的安全标准和环保标准。因此，我们需要在标准中包含这些方面的要求，以确保生产出的汽车符合相关的法规和标准。

综合以上因素，我们可以编写出一份权威、实用、前瞻的汽车生产规范标准，以提高该公司的生产效率和汽车质量，并为消费者提供更加安全、环保和可靠的汽车产品。

三、设定结构

GB/T 20001《标准编写规则》系列标准对于试验方法、规范、规程、指南、评价、产品和管理体系等不同类型的标准给出了不同的建议结构。因此，我们可以根据所选的标准类型，选择标准的初始结构。对于一个标准的结构组成来说，某些章节是必不可少的，有些章节是为了给出更多的信息和指引。所以结构的设定可以按必要结构或充分结构两种方式来进行设定，以下分别给出具体的设定方式。

（一）必要结构的设定方法

必要结构是标准基本的章节部分，也就是仅由关键章节构成，其中只要部分出现缺失，标准就会出现整体逻辑问题。以下给出不同类型标准的必要结构示例，写作标准时按类型选择对应结构顺序编写即可。各类型标准具体的关键必要章节见表2-1。

表 2-1 各类型标准必要结构表

章节\类型	试验方法	规范	规程	指南	评价	产品	管理规范
基础要素项	封面						
	前言						
	标准名称						
	范围						
技术要素项	仪器设备	要求	程序确立	需要考虑的要素	评价指标体系	技术要求	组织环境
	样品	证实方法	程序指示		取值规则		领导作用
	试验步骤		追溯/证实方法		评价结果		策划
	试验数据处理						支持
							运行
							绩效评价
							改进

表 2-1 中提供了不同类型标准的必要结构示例,并显示了各类型标准的必要章节。在编写不同类型的标准时,应按照对应结构顺序编写必要章节,以确保标准的逻辑结构完整。具体如下。

(1) 对于试验方法标准,必要结构包括封面、前言、标准名称、范围和技术要素项。技术要素项包括仪器设备、样品、试验步骤和试验数据处理等内容。

(2) 对于规范标准,必要结构包括封面、前言、标准名称、范围和技术要素项。技术要素项包括要求、证实方法等内容。

(3) 对于规程标准,必要结构包括封面、前言、标准名称、范围和技术要素项。技术要素项包括程序确立等内容。

(4) 对于指南标准,必要结构包括封面、前言、标准名称、范围和技术要素项。技术要素项包括需要考虑的要素等内容。

(5) 对于评价标准,必要结构包括封面、前言、标准名称、范围和技术要素项。技术要素项包括评价指标体系和评价结果等内容。

（6）对于产品标准，必要结构包括封面、前言、标准名称、范围和技术要素项。技术要素项包括技术要求等内容。

（7）对于管理规范标准，必要结构包括封面、前言、标准名称、范围和技术要素项。技术要素项包括组织环境、领导作用、策划、支持、运行、绩效评价和改进等内容。

每个类型标准的必要章节在表格中有具体说明，例如，对于试验方法标准，必要章节包括封面、前言、标准名称、范围、仪器设备、样品、试验步骤和试验数据处理。这个表格对于标准编写者来说是一个很好的参考，可以确保标准结构完整、逻辑清晰，符合标准制定的要求。

（二）充分结构的设定方法

为了让标准更加清晰明确地传达信息，采用充分结构是一种十分有效的方式。这种合理的结构不仅在必要的章节上增加了更多的辅助章节，以展现更多的细节，同时还可以帮助标准使用者更好地理解和运用标准。在表2-2中，我们为不同类型的标准列出了建议增加的章节，这些章节包括各种技术要素和基础要素的细节描述、试验步骤和数据处理的详细说明以及质量保证和控制等内容。当然，根据需要还可以继续增加更多的部分，以适应具体情况。

表2-2 各类型标准充分结构表

类型 章节		试验方法	规范	规程	指南	产品	评价	管理规范
基础 要素项		封面							
		目次							
		前言							
		引言							
		标准名称							
	警示	—							
		范围							
		规范性引用文件							
		术语和定义							

续表

章节\类型		试验方法	规范	规程	指南	产品	评价	管理规范
技术要素项	原理	……	……		总则	符号、代号和缩略语	总体原则和/或总体要求	组织环境
	试验条件	要求	程序确立	……		分类、标记和编码	评价指标体系	领导作用
	试剂或材料	证实方法	程序指示	需要考虑的要素		技术要求	取值规则	策划
	仪器设备	……	追溯/证实方法	……		取样	评价结果	支持
	样品		……			试验方法	评价流程	运行
	试验步骤					检验规则		绩效评价
	试验数据处理					标志、标签和随行文件		改进
	精密度和测量不确定度					包装、运输和储存		
	质量保证和控制							
	试验报告							
	特殊情况							
	……							
附录和文献			规范性附录 资料性附录 规范性附录				—	
			参考文献 索引					

表2-2是一张各类型标准充分结构表，主要是给出了不同类型标准的可增加章节的推荐，以及各章节可能的组成。这样的表格对于标准的制定者来说非常有用，因为它可以帮助他们在编写标准的过程中，确保标准的结构是完整的，且能够呈现更多的细节信息，以便使用者能更好地阅读和应用标准。

这个表格是按照标准的不同类型分类的，包括试验方法、规范、规程、指南、产品、评价和管理规范等。每个类型的标准都有其相应的章节组成。

以试验方法标准为例,如果编写一份试验方法标准,按照必要结构,应该包括封面、前言、标准名称、范围、仪器设备、样品、试验步骤、试验数据处理等关键章节。而按照充分结构,除了必要结构,还可以增加目录、引言、警示、规范性引用文件、术语和定义、原理、试验条件、试剂或材料、精密度和测量不确定度、质量保证和控制、试验报告、特殊情况、附录和文献、参考文献和索引等辅助章节,这样可以让标准更加完善和易于理解。

四、内容编写与示例

不同种类标准的编写,要求各有异同。我们需要根据具体需求,运用 GB/T 20001《标准编写规则》、GB/T 1《标准化工作导则》等的理论方法进行穿插结合。以下分别对试验方法、规范、规程、指南、产品、评价、管理体系等类型标准的内容条款编写给出写作要求和示例。

(一)试验方法标准

GB/T 20001.4—2015《标准编写规则 第 4 部分:试验方法标准》给出了试验方法类标准的具体写作规则。其中规定了试验方法标准的结构以及原理、试验条件、试剂或材料、仪器设备、样品、试验步骤、试验数据处理、试验报告等内容的起草规则。同时,适用于各层次标准中试验方法标准的编写。这些规则的制定有助于规范试验方法标准的编写过程和内容,确保标准的准确性和可靠性,提高标准化工作的效率和水平。试验方法标准中,封面、目次、前言、引言、规范性引用文件、术语和定义等部分按照 GB/T 1.1 的要求,其他要素项的写作结构如图 2-5 所示,其中第 1、第 7、第 8、第 9、第 10 项为必要内容。

试验方法是用于测定材料、部件、成品等特性值、性能指标或成分的步骤以及得出结论的方式。试验方法标准化是将试验方法作为标准化对象,建立测定指定特性或指标的试验步骤和结果计算规则,以为试验活动和过程提供指导。试验方法的目的是提高测量或分析结果的准确性和可靠性,并促进相互理解。对应试验方法标准的总则要求和十四个要素项的写作方法具体如下。

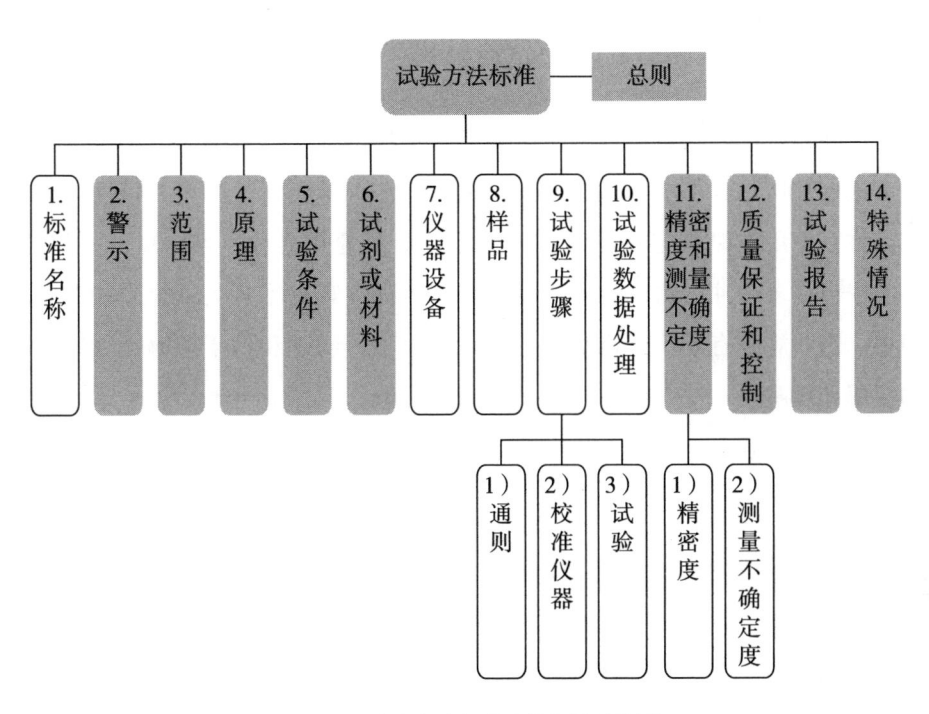

图 2-5 试验方法标准主要要素项结构

流程图内容：
- 试验方法标准 — 总则
- 1. 标准名称
- 2. 警示
- 3. 范围
- 4. 原理
- 5. 试验条件
- 6. 试剂或材料
- 7. 仪器设备
- 8. 样品
- 9. 试验步骤
  - 1) 通则
  - 2) 校准仪器
  - 3) 试验
- 10. 试验数据处理
- 11. 精密度和测量不确定度
  - 1) 精密度
  - 2) 测量不确定度
- 12. 质量保证和控制
- 13. 试验报告
- 14. 特殊情况

1. 总则要求

试验方法标准的总则，包含了三个方面的规定。首先，在编写试验方法标准时，其结构和编写规则及编排格式应符合 GB/T 1.1 的规定。其次，针对同一特性的测定，由于适用的产品不同、测试技术不同等原因，需要多种试验方法时，建议将每种试验方法作为单独的标准或单独的部分来编制。最后，试验方法应确保试验结果的准确度在规定的要求范围内，必要时应包含关于试验结果准确度限值的说明。

示例：

举一个化学实验室的例子，对于某种化学试剂的检测，可能会涉及不同产品和不同的测试技术。如果需要多种试验方法来检测同一特性，比如该试剂的浓度，就可以将每种试验方法单独作为一个标准或一个部分进行编制，以确保试验的准确性和标准的一致性。同时，这些试验方法的结构、编写规则和编排格式也需要符合相关标准的要求，如 GB/T 1.1 等。

2. 十四个要素项的写作

（1）标准名称

试验方法标准的名称通常由试验方法适用的对象、所测的指定特性和试验方法的性质这三种要素组成。如果试验方法标准用于检测多种特性，则标准名称宜使用省略指定特性和试验方法性质的通用名称。当针对同一特性，标准中包含多个独立的试验方法时，标准名称中宜省略有关试验方法性质的表述。这些规则有助于标准名称的准确、简洁、明确和易于理解，以便标准的应用和理解。

示例：

（a）硅酸盐水泥 压缩强度试验方法

（b）丁基橡胶药用瓶塞 通用试验方法

（c）钢材 化学成分的测定 感应耦合等离子体发射光谱法

（d）纸和纸板 吸水性能的测定 一般方法

（e）食品安全 挥发性脂肪酸的测定 气相色谱法

在这些示例中，标准名称均由试验方法适用的对象、所测的指定特性和试验方法的性质组成。其中，有些名称省略了试验方法性质的表述，如示例（b）和示例（d），因为它们的试验方法是通用方法或一般方法，不需要在名称中特别强调。

（2）警示

如果所测试的样品、试剂或试验步骤可能对健康或环境造成危险或伤害，应指明所需的注意事项，并使用黑体字表达警示要素的文字。如果危险属于一般性的或来自所测试的样品，则应在正文首页标准名称下给出；如果来自特定的试剂或材料，则应在"试剂或材料"标题下给出；如果属于试验步骤所固有的，则应在"试验步骤"的开始给出。同时，示例中还提示使用本标准的人员应具备实践经验，采取适当的安全和健康措施，符合国家有关法规规定的条件。这些规定有助于提醒试验方法标准使用者注意试验的安全性和可靠性，减少意外事故的发生。

示例：

在水质检测中，如果所测试的样品存在有害物质，可能对操作人员和环境造成危害，试验方法标准应指明注意事项。例如，在试验方法正文首页标准名称下方使用黑体字标注如下警示信息：

警示——使用本标准的人员应有正规实验室工作的实践经验。本标准并未指出所有可能的安全问题。使用者有责任采取适当的安全和健康措施，并保证符合国家有关法规规定的条件。

（3）范围

范围应简明地指明拟测定的特性，并特别说明所适用的对象。必要时，可指出标准不适用的界限或存在的各种限制。如果针对同一对象的同一特性，且基于同一基本测试技术，需要包含不止一种试验方法，范围中应清楚地指明每种方法的适用界限或适用的检验类型，并将每种方法安排在各自独立的章节中。如果适用，范围还应包括使用的试验技术以及进行试验的场所。这些规定有助于确保试验方法标准的适用性、可靠性和一致性。

示例：

针对一种食品添加剂的试验方法标准，范围应清楚地指明拟测定的特性，如添加剂的含量或纯度等，并特别说明适用的对象，如添加剂产品或加工食品等。必要时，范围中还可指出标准不适用的界限或存在的限制。例如：

本标准适用于食品添加剂××的测定。本标准的测定范围为0.01%～10%。本标准适用于添加剂产品或加工食品的测定。本标准不适用于其他类型的食品添加剂的测定。本标准采用气相色谱法进行试验，实验室环境要求为温度20～25℃，相对湿度不大于70%。

（4）原理

"原理"可以用于指明试验方法的基本原理、方法性质和基本步骤。该部分的内容可以帮助使用者更好地理解试验方法的原理和基本步骤，从而更好地掌握试验方法的实施要求。

示例：

针对一种农药残留的试验方法标准，可以在"原理"中说明测定的基本原理、方法性质和基本步骤，例如：

本试验方法采用气相色谱质谱联用仪（GC-MS）进行农药残留的测定。样品经过提取、净化、浓缩和衍生化处理后，通过GC-MS仪器进行检测。该方法能够对多种农药残留进行快速检测，并具有高灵敏度和高准确性。本试验方法的具体步骤包括样品的准备、提取、净化、浓缩、衍生化和检测等。

（5）试验条件

如果试验方法受到试验对象本身之外的试验条件的影响，如温度、湿度、气压、风速、流体速度、电压和频率等，则应在"试验条件"中明确指明开展试验所需的条件要求。这有助于确保试验方法在规定的条件下能够得到准确和可重复的结果。

示例：

针对一种塑料制品的试验方法标准，可以在"试验条件"中指明开展试验所需的条件要求，例如：

本试验方法的试验条件为温度为23℃±2℃，相对湿度为50%±5%。试验前，应对试验室的温度和湿度进行调节和监测，确保试验室环境稳定。对于不同的试验步骤，可能需要不同的试验条件，如在压缩试验中，还需要指定试验机的压力、速度等条件。所有试验条件的设置和调整均应符合国家有关标准和规范的要求。

（6）试剂或材料

"试剂或材料"部分应包括试验中使用的试剂和/或材料的清单，清单中应包含试剂和/或材料的名称以及其主要特性的描述，如浓度、密度等。如果需要，还应标注试剂的纯度级别，提供相应的化学文摘登记号。这部分旨在清晰地说明试验过程中使用的试剂和/或材料。

示例：

（a）"试剂或材料：硫酸（98%）；氢氧化钠（10mol/L）；蒸馏水。"

(b)"试剂或材料:无水乙醇(99%);纯净水(电阻率不小于18.2MΩ·cm)。"

(c)"试剂或材料:酸化硫酸铜溶液(0.1mol/L,配制方法:向1L的水中加入7.9g的硫酸铜,加热搅拌溶解,冷却后加入10mL的浓硫酸);碳酸钠溶液(0.1mol/L);饱和食盐水。"

(d)"试剂或材料:二氧化硅纤维滤膜(过滤精度0.45μm);无纺布滤膜(过滤精度0.45μm);去离子水。"

(e)"试剂或材料:纯化的DNA模板;扩增引物(设计和合成由实验室完成);Taq DNA聚合酶;dNTPs混合物(10mM);10×PCR反应缓冲液;电泳回收凝胶剂;琼脂糖;TBE缓冲液(1×)。"

在这些例子中,每个试剂和/或材料的名称后面紧跟着其主要特性的描述,如浓度、过滤精度等。还有一些示例中标明了试剂的纯度级别。

指出在试验中所使用的试剂和/或材料,特别是以市售形态使用的试剂和/或材料,应该清楚地列出其详细说明,包括化学名称、浓度、化学文摘登记号等,以便使用者能够准确识别它们。

示例:

在进行化学试验时,我们通常需要使用各种试剂和材料,这些试剂和材料可能以市售形态出现。为了确保试验的准确性和可重复性,我们需要在试验报告中清晰地列出所使用的试剂和材料的详细说明,包括化学名称、浓度和化学文摘登记号等信息。例如,在一份化学试验的报告中,我们可能会写道:"试剂或材料:氢氧化钠(10mol/L,化学文摘登记号:CAS 1310-73-2);盐酸(1mol/L,化学文摘登记号:CAS 7647-01-0);蒸馏水。"这样,读者可以清晰地了解所使用的试剂和材料的信息,从而更好地理解和复制试验。

在"试剂或材料"部分中,所列出的试剂和/或材料应按照一定的编排次序进行编号。具体编排次序如下:

(a)以市售形态使用的试剂或材料(不包括溶液);

（b）溶液和悬浮液（不包括标准滴定溶液和标准溶液）；

（c）标准滴定溶液和标准溶液；

（d）指示剂；

（e）辅助材料（干燥剂等）。

按照上述次序进行编号有利于试验人员快速、准确地找到所需要的试剂和/或材料，方便试验操作和记录。

示例：

在一份化学实验的标准中，可能会列出以下试剂或材料清单，按照上述编排方式编号。

（a）乙醇，纯度99%，市售形态使用。

（b）水，蒸馏水，市售形态使用。

（c）氢氧化钠，纯度98%，市售形态使用。

（d）氯化钠，纯度99%，市售形态使用。

（e）氢氧化钾，纯度99%，市售形态使用。

（f）溶液A，由50mL 0.1 mol/L 氢氧化钠溶液和50mL 0.1 mol/L 氯化钠溶液混合而成。

（g）溶液B，由50mL 0.1 mol/L 氢氧化钾溶液和50mL 0.1 mol/L 氯化钠溶液混合而成。

（h）红色指示剂，市售形态使用。

（i）干燥剂，市售形态使用。

按照惯例，水溶液不应作为试剂和/或材料专门列出。不应列出仅在制备某试剂和/或材料过程中所使用的试剂和/或材料。如果需要，应在单独的段中特别指明存放这些试剂和/或材料的注意事项和存放期限。

示例：

在制备试剂时使用的其他化学品不应列入试剂和/或材料清单中，因为它们仅用于制备过程而不是在试验中使用。

纯净水也不应列入试剂和/或材料清单中，因为它通常是作为试剂和/或材料的溶剂使用的。

对于需要特别注意储存的试剂和/或材料，应在单独的段中给出相关的注意事项和储存期。例如，对于易挥发性试剂，应该存放在密闭容器中，并在阴凉干燥处存放。

（7）仪器设备

在试验中应列出使用的仪器设备的名称及其主要特性，包括实验室的玻璃器皿和仪器的国家标准和其他适用的标准。特殊情况下，还应提出仪器、仪表的计量检定、校准要求。

示例：

（a）pH 计，测量范围 0~14，分辨率 0.01，需进行每年一次的计量检定。

（b）超高效液相色谱仪，使用 C18 柱，流速 0.3mL/min，波长为 254nm，须在每次使用前进行校准。

在试验报告中，如果使用了非市售的仪器设备，则需要列出这些仪器设备的规格和要求，以便其他人进行对比试验。对于特殊类型的仪器设备及其安装方法，应在附录中给出制备要求的详细内容，而在正文中则应列出仪器设备的必要特性，并辅以简图或插图。为了便于标识，所列出的仪器设备名称应按顺序编号。

示例：

一种非市售的特殊类型的仪器设备，需要在试验中使用，需要在实验报告中列出其规格和要求。为了方便其他人进行对比试验，需要详细描述该设备的必要特性，并附带简图或插图。在正文中，按照顺序编号该设备的名称，以便标识。如果设备制备要求的内容较多，可以在附录中给出详细说明。

（8）样品

需要说明制备样品的所有步骤，明确试验前样品应满足的条件，如尺寸、数量、技术状态、特性（如粒度分布、质量或体积）、储存条件要求等，必要时，还需要给出储存样品用的容器的特性。如果需要某特定形状的样品，需要注明包括公差在内的主要尺寸。同时，也可以辅以显示样品详细信息的示意图。

示例：

（a）制备金属材料样品的步骤包括研磨、抛光、清洗等，样品应满足尺寸为 10mm×10mm×1mm，表面光洁度 Ra<0.2μm，存放于密封袋中，在常温下保存。

（b）制备涂层样品的步骤包括基材制备、涂覆、烘干等，样品应满足厚度为 20μm，平整度<5μm，表面粗糙度 Rz<2μm，存放于无尘室中，避免阳光直射。

（c）制备药物样品的步骤包括溶解、过滤、冷冻干燥等，样品应满足质量为 1g，纯度>99%，存放于干燥器中，在低温干燥条件下保存。

（d）制备土壤样品的步骤包括采样、筛分、干燥等，样品应满足含水量<5%，颗粒大小分布为 2~5mm，存放于密闭容器中，在室温下保存。

对于人工采集的样品应使用祈使句来描述采集的步骤，对于针对不同样品试验的组合需要特别描述如何采集样品。如果适用，可以直接引用相关现行标准对采集方法进行说明，如果没有现行标准则需要给出采集方案和步骤。此外，还需要对短缺样品的保存及检测准备工作给予必要的指导。

示例：

对于土壤样品的采集，可使用以下祈使句进行必要的指导。

——选择代表性的采样点，并记录采样点的地理位置和海拔高度。

——采用标准样品采集器采集土壤样品，深度为 0~20cm，并将样品装入无菌塑料袋中。

——如果采样时遇到树根、石头或其他障碍物，应避免采集这些区域的土壤样品。

——避免在样品中混入其他物质，如土壤附着物、植物残留物、人为污染物等。

——采样后及时送样至实验室，或储存在 4℃以下的环境中，避免样品受到自然光、高温、潮湿等影响。

——根据实验要求，对土壤样品进行干燥、研磨、筛分等处理，以满足试验前的要求。

样品的质量或体积，以及测量的准确度。可以用文字、公式或示意图等方式表示。

示例：

当测量样品体积时，可使用以下示例。

（a）"用 10 毫升的移液管取样品，精确到 0.1 毫升"。

（b）"取 100 毫升的样品，精确到 1 毫升"。

（c）"用 5 毫升容量瓶将样品定容至刻度，精确到 0.05 毫升"。

当量测量样品质量时，可使用以下示例：

（a）"称取 10 克的样品，精确到 0.1 毫克"。

（b）"取约 5 克的样品，精确到 1 毫克"。

（c）"用天平称取 0.25 克的样品，精确到 0.01 毫克"。

需要注意的是，所使用的量具的精度和准确度应与所需的测量准确度相匹配。

在试验过程中保留某一试验步骤得到的产物作为后续试验的"样品"，应明确说明，并使用大写拉丁字母标识该"样品"，以便识别。若样品是其他试验步骤的产物，则应清楚地标识其来源。

示例：

（a）"保留滤液 C，用于下一步的测试"。

（b）"将产生的固体残渣标记为样品 A，用于后续实验的测试"。

（c）在这些示例中，滤液和残渣被标记为样品，并用大写拉丁字母来识别它们。这样在后续的实验中，可以直接使用这些标记的样品，而不需要重新进行产生这些产物的试验步骤。

"样品"不仅限于化学实验中的化合物或物质，也可以是其他种类的产品、物品。

示例：

对于电子产品的"样品"可以包括手机、平板电脑、笔记本电脑、耳机、摄像头等；对于机械产品的"样品"可以包括汽车、摩托车、自行车、电动工具、飞机等；对于化妆品的"样品"可以包括口红、粉底液、眼影、香水等。

(9) 试验步骤

总体要求：

(a) 试验步骤包括试验前准备和试验中的实施步骤，可根据操作的逻辑次序分组并分为多条。

(b) 每个步骤应以祈使句准确陈述，并在适当的条或段中容易阅读地陈述相关步骤。

(c) 如存在备选步骤，应说明主选步骤和备选步骤之间的关系。

(d) 如可能存在危险，应在步骤开头用黑体字标出警示，并写明专门的防护措施。如需要，可在附录中给出有关安全和急救措施的细节。

(e) 可在试剂或材料名称和仪器设备名称后的括号内写上编号以避免重复。

示例：

(a) 化学实验

试验名称：氢氧化钠的浓度测量

试验步骤：

——用二次去离子水清洗天平。

——取称量瓶，用洗涤剂清洗并用二次去离子水冲洗干净。

——将 100mL 二次去离子水定量倒入一个 250mL 容量瓶中。

——将 4g 氢氧化钠加入瓶中。

——用玻璃棒搅拌溶解氢氧化钠。

——加入几滴酚酞指示剂。

——用 0.1M 硫酸滴定溶液滴定氢氧化钠溶液，直至出现颜色变化。

——记录所需硫酸滴定溶液的体积，计算出氢氧化钠的浓度。

（b） 电子电路实验

试验名称：晶体管放大器实验

试验步骤：

——将晶体管的基极、发射极和集电极分别连接到电路板上的相关接点。

——将电路板上的其他元器件按照电路图连接好，包括电阻、电容、电感等。

——打开电源，调整可变电阻器的阻值，使输出电压为期望值。

——测量电路的电压和电流，以检验电路的性能和输出是否符合预期。

（c） 机械实验

试验名称：弹簧刚度测量实验

试验步骤：

——将弹簧夹紧在一个平面上，并用游标卡尺测量弹簧的直径。

——将弹簧垂直于水平面，并用游标卡尺测量弹簧的自由长度。

——挂上质量为 m 的物体，使弹簧发生形变。

——测量形变后的弹簧长度，并记录下质量 m 和形变量 x。

——重复上述操作，使用不同的质量，测量不同的形变量。

——计算出弹簧的刚度，即弹簧恢复力与形变量之比。

这些示例涵盖了不同领域的试验步骤，以展示试验步骤的不同形式和应用场景。

在试验中如果需要使用校准过的仪器，应在试验步骤中单独设立一条，给出校准的详细步骤，并编制校准曲线或表格以及使用说明。同时，如果需要，应包括校准频率。如果有关校准的详细步骤与试验步骤完全或部分相同时，校准的详细步骤应引用相应的试验步骤。

示例：

校准 pH 计

——打开 pH 计电源。

——将 pH 计的测量头插入标准缓冲液中，等待约 2 分钟，直至读数稳定。

——将 pH 计的读数调零，确保读数为标准缓冲液的预期值。

——将 pH 计的测量头从标准缓冲液中取出，并将其清洗并擦干。

——将 pH 计的测量头插入试样中，等待约 2 分钟，直至读数稳定。

——与标准缓冲液的预期值相比较，记录试样的 pH 值。

——重复 2~6 步，直至测量所有试样。

——编制 pH 校准曲线或表格，并给出使用说明。

——建议在每次使用前，检查 pH 计的校准状态。

试验。

a. 预试验或验证试验。

其目的是对组装后的仪器进行功能验证或对试验方法的有效性进行验证。具体而言，可能需要进行预先检查或使用已知的标准物质、合成样品或天然产品进行验证。在"预试验或验证试验"中应给出进行验证所需的所有细节。

示例：

在进行高性能液相色谱试验之前，可以进行预试验来检查仪器性能是否正常，如检查柱温控制系统、流速计、泵、检测器等，以确保仪器能够正常运行。又如，在进行光度计试验时，可以使用标准样品进行验证试验，以验证仪器的灵敏度和准确性是否符合要求。

b. 空白试验。

空白试验的相关内容应该指明进行空白试验的所有条件，以及空白试验应该与测试平行进行，并采用相同的试验步骤，取相同量的所有试剂，但不加样品。同时，也强调了在某些情况下，空白试验的条件可能与实际测试的条件不同，需要说明这些差异以及所需进行的调整，以确保试验方法的准确性和可靠性。

示例：

在分析水样中有机污染物含量的试验中，可能需要进行空白试验以评估实验室背景污染。空白试验需要采取相同的操作步骤和量取相同量的试剂，但不加入水样。由于实验室环境可能会对分析结果产生影响，如实验室内空气中的挥发性有机物或实验室器具的污染，这些条件也应在空白试验中模拟并予以调整。

c. 比对试验。

比对试验是为了考虑或消除某种现象对实验结果的影响，比如背景颜色或者本底噪声。在试验过程中，需要进行一个适当的比对试验来消除这种影响，这个比对试验的步骤需要详细说明。

示例：

在研究药物的荧光强度时，药物自身可能会有一定的荧光强度，但是其溶液中也可能含有其他的物质，例如，杂质或荧光染料，这些物质的荧光强度也可能对实验结果产生干扰。因此，可以进行一个比对试验来消除这些干扰，比如在药物样品中添加同样量的杂质或荧光染料，再用相同的试验条件进行测量，以消除这些干扰对药物荧光强度的影响。在试验步骤中，需要详细说明添加杂质或荧光染料的量，测量荧光强度的仪器和方法等。

d. 平行试验

平行试验指的是在相同的条件下，同时进行两个或多个相同的试验以比较其结果的一种实验设计。如果需要进行平行试验，可以在测试开始时陈述并明确规定具体的步骤和条件，例如，在试验的开头陈述"平行做两份试验"，并进行相同的试验步骤，以便比较其结果。

示例：

在药品研发领域，研究人员通常会对同一药物样品进行两个或多个平行试验。这些试验是在相同的条件下进行的，旨在验证测试结果的可重复性和准确性。在试验步骤中，需要明确指出进行平行试验的条件和步骤。

（10）试验数据处理

在实验过程中，有些数据需要被记录下来并用于数据分析和结论的推导。在"试验数据处理"中应列出这些需要被记录的数据。

示例：

在进行一项化学试验时，可能需要记录反应时间、反应温度、反应物质量、产物质量、反应收率等数据。在试验数据处理中，需要列出需要记录的数据项，以确保完整和准确地记录试验数据。

"试验数据处理"部分需要明确试验所要记录的各项数据，以及试验结果的表示方法或结果计算方法。这包括了单位、计算公式、使用的物理量符号含义、表示量的单位和计算结果表示到小数点后的位数或有效位数等方面的说明。在表示同一个量的不同含义时，需要使用不同的符号加上阿拉伯数字下标。

示例：

假设我们要进行某种物质的浓度测定，采用比色法，需要记录的数据包括每次测量的吸光度值、标准溶液的浓度、标准曲线的制作过程等。对于试验结果的表示方法或计算方法，可按照以下步骤进行。

——确定所需表示的物理量。测量的物质浓度。

——确定所使用的单位。假设我们要表示该物质浓度的单位为 mg/L。

——制作标准曲线。在进行实际测量之前，我们需要制作一条标准曲线，该曲线将吸光度值与标准溶液的浓度相对应。制作标准曲线的具体步骤需要在试验步骤中进行详细说明。

——进行样品测量。将待测物质溶液的吸光度值记录下来，然后通过标准曲线，计算出该样品的浓度。

——计算公式。假设标准曲线为 $y = ax + b$，则计算样品浓度的公式为：浓度 =（吸光度 $-b$）/ a。

——物理量符号含义。假设 a 代表标准曲线斜率，b 代表标准曲线截距，C 代表浓度，则公式可以表示为 $C =（A - b）/ a$。

——表示量的单位。该物质浓度的单位为 mg/L。

——计算结果表示到小数点后的位数或有效位数。计算结果应该表示到小数点后两位。

例如，如果我们使用上述方法进行某种物质的浓度测定，最后得出的结果为 8.64mg/L，则该结果的表示方法可以写作 C = 8.64mg/L。

(11) 精密度和测量不确定度

如果一个方法经过实验室间的测试，就需要给出其精密度数据，包括重复性和再现性。这些数据应该按照相关标准计算，并明确表示是用绝对项还是用相对项来表示精密度。

示例：

一种化学分析方法经过多家实验室间的试验，得到以下数据：

重复性（内部精密度）：相对标准偏差（RSD）为 0.5%。

再现性（实验室间精密度）：相对标准偏差（RSD）为 1.2%。

根据上述数据，可得出该分析方法的内部精密度相对较好，而实验室间精密度相对较差。这样的精密度数据可以帮助实验人员在选择分析方法或进行质量控制时做出合理的决策。

测量不确定度是用来表征试验方法所得的单个试验结果或测量结果的分散性的参数。有时候，会给出测量不确定度。但试验方法并不一定适用于提供确切值来估算不确定度。

测量不确定度应基于使用试验方法所得的实验室报告结果中收集到的数据进行估算，并可以与试验结果或测量结果一起报告。要包括用于估算试验结果或测量结果不确定度的指导内容。估算不确定度时应考虑不确定度的潜在影响因素，每一影响因素的变量如何计算以及如何对它们进行组合。如果仅作为参考，则有关测量不确定度的内容可在资料性附录中给出。

示例：

某实验室使用某种试验方法测定一种物质的含量，试验结果为 20.5g。在试验报告中，除了报告这个结果，还应给出测量不确定度的估计。该实验室可以通过多次重复测量，统计这些结果的标准偏差，然后根据一些影响因素，如仪器精度、样品制备和测量等，估算出测量不确定度，例如，为 ±0.2g。这样，在试验报告中可以同时报告试验结果和测量不确定度：20.5g ± 0.2g。

(12) 质量保证和控制

"质量保证和控制"指的是保证试验过程和试验结果的质量符合规定要求的程序。这个部分应当详细描述控制样品、控制频率和控制准则的内容，并且在过程失控时，应当采取哪些措施来调整。控制图是一种常用的方法，可以用来维持试验方法处于可控状态。在控制图上，可以记录试验数据，并且根据图表上出现的趋势和异常来确定是否需要调整试验过程，以保证试验结果的质量符合规定要求。

示例：

某药厂生产一种药品，需要对生产过程中的关键质量指标进行监控，以确保药品质量稳定可靠。该药品需要在生产过程中测量其成分含量，以确保其符合规定的标准。为了进行质量保证和控制，该药厂制定了以下程序。

——对于每个生产批次，取样分析，并记录样品编号和分析结果。

——每个月取一定数量的样品进行分析，并记录样品编号和分析结果。

——采用正常分布控制图监控成分含量的变化情况，设定上限和下限，当成分含量超出控制范围时，需要采取纠正措施。

——当发现过程失控时，需要停止生产，并进行问题分析，以确定问题原因并采取纠正措施。

——对于特别关键的质量指标，需要增加控制频率，并设定更加严格的控制准则，以确保药品质量的稳定可靠性。

(13) 试验报告

试验报告应包含试验对象的相关信息，如名称、型号等，以便读者能够清楚地了解试验对象的特征。同时，应指明所使用的标准及其发布或出版年份，并描述所采用的方法，包括试验步骤、所用试剂、仪器设备等细节。试验结果应该清晰明了，给出精确的数据、单位和数据处理方法。同时，如果试验过程中发现任何异常现象，如异常数据、装置故障等，也需要记录并说明原因。最后，试验报告应注明试验日期，以便追溯和核查。

示例：

某实验室进行了一项红外光谱实验，测试不同化合物的红外光谱图谱，那么该实验室的试验报告应至少包括以下几个方面的内容。

——试验对象——化合物样品。

——所使用的标准。如果使用了红外光谱的相关标准，则需注明标准的发布或出版年份。

——所使用的方法。在使用红外光谱进行实验时，通常有多种方法可供选择。报告应注明所选用的方法。

——结果。报告中应包括实验结果，如图谱、数据等。

——观察到的异常现象。如实验中是否出现了不正常的现象，需在报告中进行说明。

——试验日期。记录试验进行的日期，便于追溯和查找。

(14) 特殊情况

"特殊情况"指测试样品中含有特殊成分，需要对试验步骤进行修改。每种特殊情况应有不同的标题。修改试验方法的内容应包括已修改后的试验方法原理，包括对于一般试验步骤的必要修改或陈述新的试验步骤原理。如果需要修改一般采样方法，则应说明新的采样方法。新的试验步骤或修改的说明应明确指出每个修改在一般步骤中的具体位置。最后，给出适用于修改后的试验步骤的计算方法。

示例：

某试验标准是针对纯净样品的，但有些样品中含有特殊成分，需要对试验步骤进行修改。在试验报告中，应明确列出这些特殊情况，并按照不同的小标题进行说明。

特殊情况1 样品中含有杂质

在试验前需对样品进行处理，去除杂质。处理方法如下：

——将样品置于离心管中，加入1mL去离子水，震荡均匀，然后离心5分钟。

——将上清液取出,转移至新离心管中,加入1mL无水甲醇,再次震荡均匀,离心5分钟。

——取出上清液,即可用于后续的试验步骤。

特殊情况2 样品的采集方法不同

由于某些样品来源于特殊场合,例如,采自深海底部或高山顶部,其采集方法与一般样品有所不同。采集方法如下:

——深海底部样品。使用深海采样器进行采集,将采样器放入水中,等待一定时间后,打开采样器,收集样品。

——高山顶部样品。使用高山采样器进行采集,将采样器插入冰川中,等待一定时间后,收集样品。

在试验报告中,需详细说明这些特殊的采集方法。

特殊情况3 试验步骤需要修改

在试验过程中,由于特殊成分的影响,需要对试验步骤进行修改。修改方法如下:

——将样品溶解于10mL去离子水中,加入0.1mL甲醇,将pH值调整至7.0。

——依照试验标准的步骤进行操作,但每次加入试剂量减半,以适应样品中特殊成分的影响。

在试验结果中,需将每次试验的数据进行平均,作为最终的结果。同时,需给出适用于修改后试验步骤的计算方法,以确保数据的准确性。

(二)规范标准

GB/T 20001.5—2017《标准编写规则 第5部分:规范标准》主要是针对规范标准的起草进行规定。其适用范围包括各层次标准中以产品、过程、服务为标准化对象的规范标准的起草,同时规定了规范标准的结构和必备要素的编写和表述规则。其中,产品包括原材料、零部件、制成品、系统等。规范标准中,封面、目次、前言、引言、规范性引用文件、术语和定义等部分按照GB/T 1.1的要求,其他要素项的写作结构如图2-6所示,其中第1、第2、第3、第4项均为必要内容。

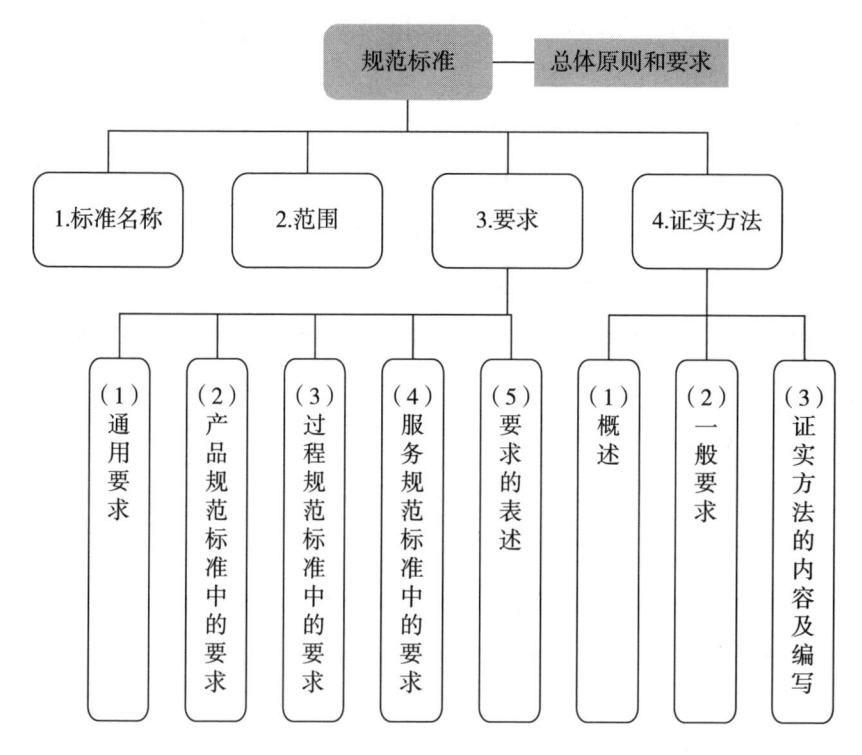

```
                    规范标准 ── 总体原则和要求
                        │
    ┌───────────┬───────────┬───────────┬───────────┐
  1.标准名称  2.范围      3.要求                  4.证实方法
                            │                       │
              ┌──────┬──────┬──────┬──────┐   ┌─────┬─────┬─────┐
            (1)   (2)    (3)    (4)    (5)  (1)   (2)   (3)
            通用  产品    过程    服务    要求  概述  一般  证实
            要求  规范    规范    规范    的表        要求  方法
                  标准    标准    标准    述               的内
                  中的    中的    中的                    容及
                  要求    要求    要求                    编写
```

图2-6　规范标准主要要素项结构

规范标准是对产品、过程或服务等标准化对象进行标准化的一种方法，通过提供可证实的要求对标准化对象进行"规定"。规范标准的必备要素包括"要求"和"证实方法"，这两个要素的有机结合使得判定各种活动及其结果是否符合标准中的规定成为可能。规范标准可作为采购、贸易的基础，作为判定产品、过程或服务符合性的依据，作为自我声明、认证的基准。为了保证规范标准的有效性，国际国内已经建立并不断完善支撑规范标准制定工作的基础性标准体系，并确立了相应的起草规则。本部分在参考国际标准组织有关规范标准起草规则的基础上，结合我国已有研究和实践，确立了规范标准的起草规则，以提高规范标准的起草质量和应用效率，有效发挥这类标准的功能。对应规范标准的总体原则和要求、四个要素项的写作方法具体如下。

1. 总体原则和要求

制定规范标准的主要目的是通过提供可证实的要求对标准化对象进行"规定",其必备要素包括"要求"和"证实方法"。本部分确立了起草规范标准的总体原则和要求,包括目的导向原则、性能/效能原则和可证实性原则。在起草规范标准时需要明确标准化的目的,并对标准化对象进行功能分析,以识别标准中拟标准化的特性或内容。同时,标准中的要求应由反映产品性能、过程或服务效能的具体特性来表述,通常不使用其他特性(如描述特性、设计特性等)来表述,以便给技术发展留有最大的自由度。此外,标准中规定的每个要求都需要符合可证实性原则,即仅定性地规定要求或规定没有证实方法的定量要求通常都是没有意义的。起草规范标准时,凡未做具体规定的,应遵守 GB/T 1.1 的有关规定。

示例:

假设我们要起草一份规范标准,针对一种新型的家用电器产品,那么我们需要按照标准化的目的,对该产品进行功能分析,以识别需要标准化的特性或内容。在这个过程中,我们可能会考虑这个产品的使用安全、可靠性、节能性、环保性等方面,因为这些都是标准化的常见目的。根据性能/效能原则,我们应该以产品的性能和效能为基础,来确定规范标准中的要求。比如,在产品的性能方面,我们可能会规定产品需要满足一定的功率、噪声、电磁辐射等方面的要求;在产品的效能方面,我们可能会规定产品需要满足一定的使用寿命、功能、安全性等方面的要求。在遵守可证实性原则的前提下,我们需要为每个要求描述对应的证实方法。最后,根据总体要求,我们需要遵守 GB/T 1.1 的有关规定,来确保规范标准的结构、名称、范围、要求和证实方法等必备要素的编写和表述规则。

2. 四个要素项的写作

(1)标准名称

规范标准的名称应该包含词语"规范"以表明标准的类型。如果标准中只包含要素"要求"和"证实方法",或者同时还包含其他方面,但不是所有基本方面，那么词语"规范"通常应置于标准名称的补充要素中。但在编写标准的某个部分的名称时，词语"规范"可以置于主体要素中。

示例：

（a）石油产品抽样、制样和试验方法　第1部分：综述和定义规范

（b）防爆电气设备　第2部分：防爆保护规范

（c）废水处理厂工艺设计规范　第3部分：污水处理工艺设计规范

（d）煤炭地下采矿通风系统规范　第5部分：风流方案设计规范

当规范标准中只针对一个或两个标准化目的（标准化目的指的是保证可用性，保障健康、安全，保护环境或促进资源合理利用，便于接口、互换、兼容或相互配合，利于品种控制，促进相互理解和交流等）时，应在标准名称中包含表述该标准化目的的词语。但如果规范标准针对的是三个或三个以上的标准化目的，那么在标准名称中应使用"技术规范"，而不是"技术条件"。

示例：

（a）规范化学实验室安全管理规范

（b）食品添加剂使用规范

（c）建筑电气工程安全使用规范

（d）污水处理厂废气排放控制技术规范

如果一个规范标准适用于一类或多种产品，则在标准名称中应包含"通用""总"等限定词。这些词语有助于表示标准的广泛应用和适用性。"通用规范"和"总规范"这样的词汇表明该标准是面向多个类别或领域的，而不是仅适用于特定的单一产品或领域。

示例：

（a）通用自行车规范

（b）总体煤气设计规范

（c）通用太阳能热水器规范

当标准化对象为产品时,如果一个标准包含了"要求"和"证实方法"等所有基本方面,并且它是与该产品有关的唯一标准(并且预计将继续使用),那么可以使用该产品的名称作为该规范标准的名称。

示例:

(a) 铜带

(b) 气体发动机

(c) 甲醇汽油

规范标准的标准名称英文译名中,对应的"规范"一词应该译为"specification"。

示例:

(a) 中文的规范标准名称是"Gamma 辐照装置设计、建造和使用规范",英文的译名应该是"Gamma irradiation facilities – Design, construction and use – Specifications"。

(b) 中文的规范标准名称是"税控收款机 第 3 部分:税控器规范",英文的译名应该是"Fiscal cash register – Part 3:Specification of fiscal processor"。

(c) 中文的规范标准名称是"社区能源计量抄收系统规范 第 6 部分:本地总线",那么英文的译名应该是"Specification for society energy metering for reading system – Part 6:Local bus"。

(2) 范围

规范标准中的范围应当简要概括标准所覆盖的技术内容,说明规范中的要求类型以及相应的证实方法。范围通常以"本标准(部分)规定了……[产品、过程或服务]的……要求/通用要求,描述了对应的证实方法……"这种形式进行表述,其中,"要求"使用"规定"来表达,"证实方法"使用"描述"来表达。

示例:

(a) 本文件规定了生产工厂清洁服务的要求,包括清洁内容、清洁时间和频率、清洁用品等方面，并描述了相应的检测方法。

（b）本文件规定了大型液晶电视机的通用要求，包括分辨率、色彩表现、响应时间等方面，并描述了相应的测试方法。

（c）本文件规定了智能门锁系统的安全性、可靠性和易用性等方面的要求，并描述了相应的测试方法和检测过程。

（d）本文件规定了纺织品染色过程的要求，包括染色剂的选择、染色时间和温度等方面，并描述了相应的检测方法。

（3）要求

1）通用要求

如果标准化对象是产品、过程或服务，那么要求应该规定保证其适用性的所有特性、特性值和证实方法。如果标准化对象是系统，要求应该规定保证已安装系统适用性的所有特性，包括系统构成要素或子系统的特性值和证实方法。根据具体情况，还可能包括确定系统构成要素或子系统及它们之间关系的内容。

示例：

（a）电动自行车通用要求。规定电动自行车适用性的所有特性，如最大速度、续航里程、重量等，并给出对应的特性值和证实方法。

（b）安全防护网通用要求。规定安全防护网适用性的所有特性，如材质、尺寸、承重能力等，并给出对应的特性值和证实方法。

（c）智能家居系统通用要求。规定智能家居系统适用性的所有特性，如互联互通、可靠性、智能化程度等，并给出对应的特性值和证实方法。

2）产品规范标准中的要求

在产品规范标准中，应该尽可能地按照性能原则来表述要求。性能原则是指规范标准中的要求应该直接反映产品性能的具体特性和特性值，而不应该规定产品设计特性、描述特性或相关过程的要求。这样可以使规范标准更加精准地描述产品性能的特点，便于消费者、生产厂家和其他相关方了解和使用。

示例：

如果是一款汽车的产品规范标准，应该对其性能进行要求，例如，车速、燃油消耗量、制动距离等具体性能指标。而不应该对其设计特性、描述特性或相关过程进行要求，如车身颜色、音响系统的音质、车间装配流程等。这些方面应该在其他标准中规定，而不是在产品规范标准中进行要求。

产品规范标准中通常针对不同的产品性能进行了规定要求，并提供了选择各类性能以及确定具体特性时的一些考虑因素。其中，常规的产品性能包括使用性能、理化性能、生物学/病理学/毒理学性能、人类工效学性能、环境适应性等。具体地说，使用性能是指直接反映产品使用性能的特性，如洗净率、磨损率、加热效率、功率、噪声、灵敏度、可靠性、药性等。如果找不到反映产品使用性能的特性时，可以使用间接反映使用性能的可靠代用指标。理化性能是指当产品的理化性能对其使用十分重要，或者产品的使用需要用理化性能加以保证时，规定产品的物理、化学和电磁方面的特性，如产品的强度、硬度、塑性、黏度、纯度、酸度、耗氧量、磁感应强度、磁辐射（限）等。生物学/病理学/毒理学性能是指当产品的生物学、病理学或毒理学性能对其使用十分重要，或者产品的使用需要用生物学、病理学或毒理学性能加以保证时，规定产品的生物学、病理学或毒理学特性，如生长速度、酶活、绝对致死量、半数致死量、最大无作用量等。人类工效学性能是指当人机界面上用户的体验影响产品的使用效果时，规定产品的人机界面以及满足视觉、听觉、味觉、嗅觉、触觉等外观或感官需求的特性，如易读性、易操作性等。环境适应性是指当产品本身对使用的环境条件有适应性要求时，规定产品对温度、湿度、气压、海拔、冲击、振动、辐射等适应的程度，以及产品抗风、抗磁、抗老化、抗腐蚀的性能等。

示例：

（a）使用性能。手机电池续航时间、电子秤称重精度、汽车加速度、吸尘器吸力、药品有效成分含量等。

（b）理化性能。金属强度、陶瓷硬度、液体黏度、水溶液酸碱度、医用气体耗氧量、电子设备磁感应强度等。

（c）生物学/病理学/毒理学性能。药品的剂量、副作用、食品的毒素含量、美容产品的皮肤刺激性、化妆品的过敏性等。

（d）人类工效学性能。电脑屏幕亮度、门把手易握持、儿童玩具颜色鲜艳、汽车座椅舒适度、工业机器易维护性等。

（e）环境适应性。电子产品温度适应度、仪器湿度适应度、飞机海拔适应度、机械设备抗冲击性、耐腐蚀材料的使用年限等。

通常情况下产品规范标准不会对产品的具体结构规定要求，但在为了保证产品的互换性、兼容性或安全性的情况下，可能会对产品的结构和尺寸提出要求。如果规定产品的结构和尺寸，应该提供结构和尺寸的图示，并在图示上注明相应的尺寸。

示例：

（a）规范标准规定了钥匙的尺寸、形状和齿型，以保证不同厂家生产的钥匙可以互换使用。

（b）规范标准规定了USB接口的结构和尺寸，以保证不同品牌的设备可以兼容使用。

（c）规范标准规定了汽车轮胎的尺寸和结构，以保证不同厂家生产的轮胎可以相互替换使用。

产品规范标准通常不对材料规定要求，但是为了保证产品性能和安全，有时会对材料提出要求或者指定所用材料。如果存在现行适用的相关材料标准，应该引用这些标准；如果没有适用的标准，可以在附录中对材料性能作出规定。同时，在指定产品所用材料时，可以规定允许使用性能不低于有关材料标准规定的其他材料。

示例：

以下是一些可能需要在产品规范标准中规定材料要求的产品及其示例。

（a）建筑材料。例如，规定水泥、石灰、石膏、钢筋等的品种、标号、物理化学性能等。

（b）食品包装材料。例如，规定可使用的材料类型、厚度、耐热性、耐腐蚀性等。

（c）医疗器械。例如，规定使用的材料类型、组成比例、生物相容性等。

（d）机械设备。例如，规定使用的金属材料的化学成分、硬度、强度、韧性等性能指标。

（e）玩具。例如，规定使用的塑料材料的成分、含量、可分解性、可玩性等。

（f）电子产品。例如，规定使用的电子元件的品牌、型号、电气参数等。

产品规范标准通常不会对生产过程、工艺等进行规定要求。但是，如果需要确保产品的性能和安全，有时可能需要对生产过程和工艺进行限制或规定，这些规定通常会在标准的附录中说明。

示例：

某种电子产品的规范标准规定了该产品的性能要求，但由于产品的生产过程中会涉及印刷电路板的制作、元器件的焊接等工艺，这些工艺如果不受限制，就可能对产品的性能和安全性造成影响。因此，在规范标准的附录中，需要对这些工艺进行限定和规定，如印刷电路板的最小线宽、最小间距、焊接温度、时间等，以保证产品的性能和安全性。

3）过程规范标准中的要求

a. 过程规范标准应该着重规定过程的效能要求，而不是指示具体的行为步骤。也就是说，过程规范标准应该要求过程必须达到的特定性能，如达到的成功率、通过率、检出率等。这样做的好处是，避免了对具体操作的指示可能会随着技术变化而失效，而效能指标则可以确保该过程的效果是可衡量的。

示例：

（a）一项质量管理过程中，规定了对原材料的抽样检验，要求抽样的数量和抽样的频率。此时，效能原则指的是规定抽样检验合格率和检出率等特性值，而不是规定具体抽样方式和操作步骤。

（b）一个会议的规范要求对会议议程进行审批,并在会前向所有参会人员发送通知。效能原则指的是规定审批通过率和通知准确率等特性值,而不是具体的审批和通知步骤。

（c）一项员工培训过程中,规定了培训的时长、培训的形式以及培训的内容。效能原则指的是规定培训的合格率和参与率等特性值,而不是具体的培训方式和内容。

b. 在过程规范标准中,我们应该尽可能地遵循效能原则,即规定过程的特定特性和特性值,以反映过程效能,而不是对具体行为进行指示。但有时,如果我们不能确定反映过程效能的具体特性,或者必须通过活动内容来保证过程效能的实现,那么就可以规定活动内容或与其相关的特性,如实施关键程序的持续时间、活动内容的构成、特殊情况的处理、告知和记录等。

示例:

一个食品加工厂的过程规范标准,为了保证产品质量和安全,需要规定加工过程中的关键程序、阶段或步骤的持续时间,如食品加热的时间和温度、原料的配比、食品的冷却时间和温度等,以及特殊情况的处理方式,如设备故障、原料变质等。同时,还需要规定工人应如何进行告知和记录,以确保过程中的数据和信息被正确记录和跟踪。

c. 在过程规范标准中,有些过程的效能无法用具体特性及特性值来表述,或者实现过程效能需要控制条件的保证。这时候,可以通过规定与过程运作的控制条件有关的特性来进行要求,例如,规定特定的温度、湿度、水分或杂质等控制条件来保证过程效能的实现。

示例:

一个制药公司的生产过程规范标准规定,每个生产批次必须包括特定的生产步骤和持续时间,以保证药品的质量和安全性。规范标准中还规定了每个步骤的具体要求,如温度、时间、压力等,以确保该步骤的质量和效果符合要求。在生产过程中,需要对每个步骤进行记录和审核,以便及时发现问题并采取纠正措施。如果出现特殊情况,例如,设备故障或材料短缺,规范标准中也规定了应该如何处理。

d. 为了使过程规范标准更加清晰易懂，在规定具体要求之前，可以先陈述执行该过程所需经历的程序、阶段或步骤。这些程序、阶段或步骤的描述可以帮助使用者更好地理解整个过程的执行流程。

示例：

假设有一个过程规范标准是为制作一款电子产品而设计的，该标准的主要要求是确保产品具有良好的性能和质量。在该标准中，可以先陈述执行该过程所需经历的程序、阶段或步骤，例如：

(a) 原材料采购和检验

(b) 生产计划编制

(c) 生产车间准备

(d) 生产线组装

(e) 产品测试和检验

(f) 包装和运输

这些程序、阶段或步骤的描述可以使使用者更好地理解整个过程的执行流程，并更好地遵循规范标准的要求，从而提高产品质量和性能。

4）服务规范标准中的要求

a. 在制定服务规范标准时，应该优先考虑反映服务效能的特性和特性值来表述服务要求。除非在选择不出拟标准化的特性或内容的情况下，不应对服务提供的组织机构、人员资质、使用的物品和设备等方面规定要求。

示例：

假设我们正在制定一份服务规范标准，针对的是餐饮业的服务，那么根据这段话的意思，我们应该优先考虑反映服务效能的特性和特性值来表述服务要求。例如，我们可能会规定餐饮服务的等待时间应该在多长时间内完成，食品的新鲜程度应该达到什么标准等。

如果在选择特性或内容时无法确定标准化的特性或内容，则可以考虑规定组织机构、人员资质或提供服务所使用的物品、设备等方面的要求。例如，在特定的餐饮场所中，可能会规定服务人员必须戴上口罩，使用特定的消毒剂进行清洁等。

b. 服务规范标准应该优先规定服务提供者和服务对象接触的方面。服务效能规定应包括服务效果、宜人性、响应性和普适性等方面。选择服务效能和特性时，应考虑满意度、有效投诉率、差错率等因素。在服务对象体验感受很重要或需要限定服务提供者行为以保证服务效果时，应规定服务提供的便利性、舒适性、愉悦性、感受度等特性和服务行为要求。当服务效果需要通过响应服务对象需求的能力来保证时，应规定反映及时提供服务的特性和服务处理周期等。当服务适用范围和程度对于服务效果很重要时，应考虑老年人、残疾人、儿童、孕妇等特殊人群需求等。

示例：

如果一个酒店要制定服务规范标准，首先，可以优先考虑规定反映客人满意度的服务效果特性，例如，客人对房间清洁度、服务质量、餐饮质量的评价等。其次，宜人性也是重要的一个方面，这包括规定服务人员的礼貌和用语、为客人提供舒适的环境、解决客人的问题等。同时，响应性也很重要，例如提供快速的服务响应、及时解决客人的问题等。最后，普适性方面也需要考虑，例如，考虑老年人、残疾人、儿童、孕妇等特殊人群的需求，提供无障碍设施、儿童用品、孕妇用品等服务。

c. 当我们无法确定应该如何衡量服务的质量时，或者需要在服务内容方面确保服务质量时，服务规范标准可以规定与服务内容相关的特性。例如，规定服务内容的组成部分，以及提供辅助服务所需的文件或材料等。服务规范标准的目的是确保服务的质量，并提供一些指导以便对服务进行评估。

示例：

假设一个公司提供了一项在线咨询服务，希望制定相关的服务规范标准。在确定服务效能的特性时，发现无法明确规定服务效果或宜人性等特性，因为这是主观感受和难以量化的。此时，可以考虑规定与服务内容有关的特性，例如，确定该在线咨询服务提供哪些内容、提供的信息是否准确、是否有适当的帮助文档和指南等。这些特性的规定可以帮助确保服务的质量和可靠性，从而提高客户满意度和信任度。

d. 如果不能确定服务质量的具体特性，或者实现服务质量需要保证服务环境，就可以通过服务规范标准来规定服务环境相关的特性。也就是说，服务环境需要符合标准，以确保服务的质量和效果。

示例：

某个医院的服务标准规定了诊室内应该保持安静，因为噪声会影响患者的治疗效果和体验；又如，某个餐厅的服务标准规定了餐桌和餐椅的摆放应该有一定的间隔，以保证就餐的私密性和舒适性。这些规定都是服务环境的特性，有助于提高服务效能和服务体验。

e. 如果制定服务规范标准时无法确定需要规定的具体特性或内容，而必须对机构、人员资质、设备设施等提出要求，那么应该引用现有的相关标准。如果没有相关标准可用，可以在附录中制定适当的规定。

示例：

假设某个服务行业涉及的设备需要遵循特定的管理标准，但是服务规范标准本身并没有涉及这个方面。为了确保服务的安全性，规范标准可以引用现行的安全标准，如 ISO 9001、ISO 14001 等，并在附录中规定相关要求，例如，设备需要进行定期的检查和维护。这样可以确保服务的安全性和质量。

5）要求的表述

a. 规范标准中的"要求"应该用要求性条款来表述。要求性条款的句式通常有以下几种。第一种是要按照证实方法测试，然后检查特性是否符合规定的特性值；第二种是要按照证实方法测试，检查特性是大于还是小于规定的特性值；第三种是直接要求按证实方法测试，检查特性是大于还是小于规定的特性值；第四种是直接要求特性达到或保证规定的特性值；第五种是说明谁应该怎样去做。另外，根据具体情况，用词可能会有所调整，比如把"试验"改成"测定"或"测量"。

示例：

（a）A 药品存储温度应保持在 2~8℃ 范围内，且在整个存储期间都应符合该要求。

（b）机场安检人员应按照标准操作规程，对旅客携带的随身物品进行检查。

b. 为了保证标准的可靠性，规范标准中不应使用无法证实的表述形式，如"足够坚固""适当的强度""相对完善"等。这些词汇没有具体的度量标准和测试方法，难以量化和证实是否达到标准要求。

示例：

如果一个建筑设计标准中规定要求"足够坚固"的结构，但没有具体说明需要满足哪些力学参数和测试标准，这样的标准就难以保证建筑的安全性和可靠性。相反，如果规范标准中明确规定了某一建筑结构必须承受特定的力学负荷和测试标准，那么就可以通过相关的测试方法来检验是否达到了标准要求，从而确保建筑的安全性和可靠性。

c. 当规范标准中的要求较多时，可以使用表格来表述。这个表格通常由"编号""特性""特性值"和"证实方法"等列构成。其中，特性是要求的具体内容，特性值是规定的数值或要求，证实方法是证明特性值是否达到要求的方法。这样的表格应该在正文中提及，并引用相应的章节或标准来确保规范标准的准确性。

示例：

假设我们正在制定一项规范标准来评估手机电池寿命。我们可以使用表格来列出规范中所需的特性和特性值，如下表所示：

编号	特性	特性值	证实方法
1	电池容量	3000mAh	GB/T xxxxx
2	循环次数	500 次	GB/T xxxxx
3	充电速度	30W 快充	GB/T xxxxx
4	待机时间	10 天	GB/T xxxxx

续表

编号	特性	特性值	证实方法
5	过热保护	支持	GB/T xxxxx
6	性能下降程度	1年后保持80%以上	GB/T xxxxx
7	安全性能	不爆炸、不起火	GB/T xxxxx
8	环保性能	符合相关标准	GB/T xxxxx
9	兼容性	支持多种操作系统	GB/T xxxxx
10	可靠性	故障率低于1%	GB/T xxxxx

在规范标准中，我们可以提到这个表格并描述如何使用它来验证符合标准的手机电池的特性。

（4）证实方法

1）方法种类

在规范标准中，证实方法是用来验证规范要求是否被满足的方法。这些方法可以包括测量和试验方法，如对强度、电性能和泄漏电流的测量等；也可以包括信息化方法，如扫码和网络等；还可以包括其他主观评价的方法，如目测、记录和客户确认/评价等。通常来说，产品规范标准会考虑采用测量和试验方法，而过程规范标准和服务规范标准则通常会采用信息化方法和其他主观评价的方法。选择哪种证实方法取决于规范要求的具体特点和证实方法的可行性。

示例：

（a）测量和试验方法。例如，在电子产品的规范标准中，可能会规定电池寿命的测量方法，或者对某些功能的性能参数进行测试和评估。

（b）信息化方法。例如，在智能家居产品的规范标准中，可能会规定产品需要支持哪些通信协议、需要遵守哪些安全标准等，这些可以通过扫码或者网络链接来实现。

（c）主观评价等其他证实方法。例如，在餐饮服务的规范标准中，可能会规定服务员需要有礼貌、服务态度好等，这些需要通过顾客的主观评价来证实。

2）一般要求

a. 在规范标准中，针对每个要求都需要描述相应的证实方法。证实方法可以单独作为一章，也可以与要求一起描述，还可以作为标准的规范性附录。

简单来说，一个规范标准要求产品或服务满足某些条件时，需要指明如何证实这些条件是否被满足。这些方法可以单独列出一章，也可以在要求中描述，甚至可以作为标准的附录提供给读者。这样可以让读者更好地理解如何验证规范中的要求是否得到满足。

示例：

一份建筑工程的规范标准需要规定墙面强度要求，其中的要求可能包括抗拉强度、抗压强度等，而对应的证实方法可以是通过拉力试验或压力试验进行测量并得出具体数值。在规范标准中，可以将这些证实方法单独作为一章来描述，或者并入对应的要求中。同时，也可以将这些证实方法作为规范性附录，供参考使用。

b. 当规范标准中的某个要素"要求"需要有对应的证实方法时，这个证实方法可以被编写成一个单独的章节。此时，这个章节应该按照与其对应的"要求"的先后次序来进行编写，以便读者能够方便地找到所需要的信息。

示例：

如果规范标准中有一个要求是关于产品的重量的，那么相应的证实方法可以被编写成一个单独的章节。这个章节中的内容应该按照与产品重量相关要求的先后次序来编写，例如，先是规定如何测量产品的重量，然后是规定如何计算产品的误差范围，最后是规定如何对测量结果进行记录和审查等。这样，读者就可以很方便地找到与产品重量相关的所有信息。

c. 在编写规范标准中的证实方法时，如果已经存在现行适用的标准，应该引用这些标准作为证实方法的依据。如果不存在适用的标准，则需要在规范标准中自行描述相应的证实方法。

示例：

如果一项要求需要通过强度试验来证实，那么可以引用现有的强度试验标准来描述这项证实方法。如果没有适用的标准，那么需要在规范标准中描述相应的强度试验方法，包括具体的试验步骤、试验参数等信息，以确保这项要求能够被证实。

d. 如果有多种方法可以证实标准要求，规范标准应该尽量只描述一种方法。如果有特殊原因需要描述多种方法，需要指定一种仲裁方法，以确定最终采用哪种证实方法。

示例：

假设一个标准要求某种产品的尺寸必须符合一定的范围，有两种方法可以测量产品的尺寸——A方法和B方法。在编写规范标准时，应该尽量只描述一种方法，比如A方法，同时需要明确指定如果A方法不能使用时，应该采用B方法进行测量，并确定仲裁方法，以确保测试结果的准确性和可靠性。

（三）规程标准

GB/T 20001.6—2017《标准编写规则 第6部分：规程标准》是规程标准的起草规则。它规定了编写规程标准时需要考虑的一些基本要素，如标准的结构、名称、范围、程序等，以及如何表述这些要素。这些规则适用于各种层次的标准，并且只适用于以过程为标准化对象的规程标准的起草。规程标准中，封面、目次、前言、引言、规范性引用文件、术语和定义等部分按照GB/T 1.1的要求，其他要素项的写作结构如图2-7所示，其中第1、第2、第3、第4、第5项均为必要内容。

规程标准主要用于规范化、统一化和优化各种过程、操作、管理流程等的实施，从而提高效率、减少浪费、提高质量、降低风险等。通过规程标准的制定和执行，能够确保各个环节的协同性和一致性，提高企业或组织的管理水平和竞争力。同时，规程标准还可以为相关人员提供明确的指导和操作流程，避免操作失误和事故的发生，保障生产安全和质量稳定。对应规程标准的总则原则和要求、五个要素项的写作方法具体如下。

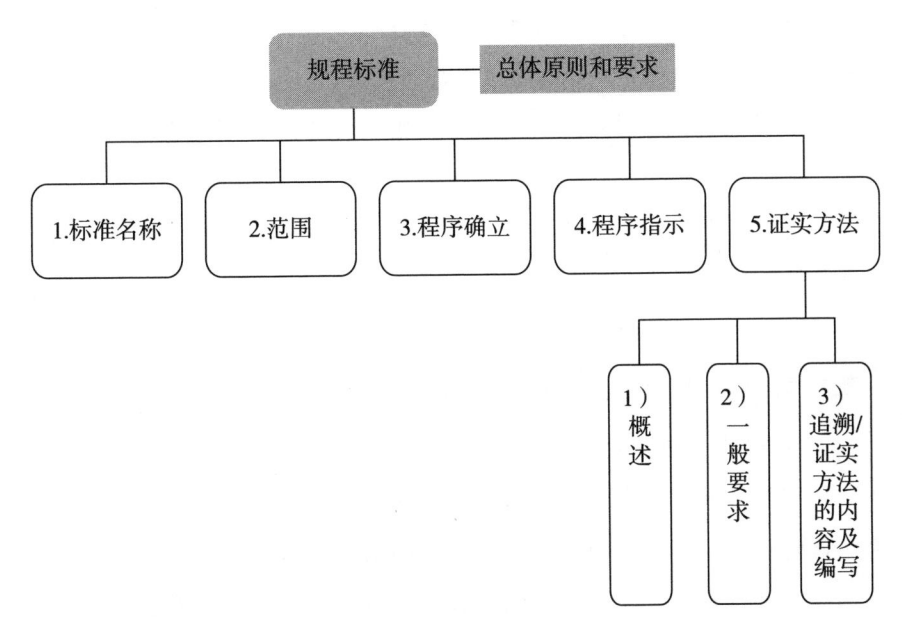

```
                    ┌─────────┐      ┌──────────────┐
                    │ 规程标准 │──────│ 总体原则和要求 │
                    └────┬────┘      └──────────────┘
       ┌────────┬────────┼────────┬────────┐
   1.标准名称  2.范围  3.程序确立  4.程序指示  5.证实方法
                                              │
                                      ┌───────┼───────┐
                                    1)概述  2)一般要求  3)追溯/证实方法的内容及编写
```

图 2-7　规程标准主要要素项结构

1. 总体原则和要求

（1）可操作性

可操作性原则指的是标准中规定的程序指示清晰、明确、具体、易于操作或履行的原则。这意味着只要按照标准中规定的行为指示行事，并遵守阶段/步骤之间的转换条件（以下简称转换条件）或程序最终结束条件（以下简称结束条件），就能够顺利地完成标准中规定的程序。

规程标准中的要素"程序指示"需要符合可操作性原则。为此，标准要按照规定的规律对履行程序的行为给予明确的指示，并规定程序中所需的转换条件和结束条件的明确要求，以确保各阶段/步骤之间的衔接是连贯的，程序的完成是明确的。

示例：

假设某公司制定了一项新的招聘规程标准，其中涉及招聘流程、招聘条件、招聘程序等方面的要求。为符合可操作性原则，该规程标准需要规定明确的行为指示和转换条件，包括：

（a）行为指示。对于招聘岗位，应该进行全面的招聘广告宣传，包括发布在招聘网站、社交媒体、报纸等多个渠道上，以确保公正公开招聘。

（b）转换条件。在简历筛选阶段，应根据招聘条件和岗位要求，进行初步筛选，并将不符合要求的简历进行淘汰。

（c）结束条件。经过多轮面试，招聘委员会达成一致意见并确定最终招聘人选后，招聘流程结束。

通过明确这些行为指示、转换条件和结束条件，该公司的招聘流程将变得更加清晰、明确和具体，使得招聘工作更加规范化、更有可操作性。

（2）可追溯/可证实性

"可追溯/可证实性原则"是指规范标准中规定的程序是否能够通过相关的追溯材料或证实方法得到证明或证实。如果遵循这个原则，标准中就需要描述相应的追溯或证实方法，以确保程序可以得到证明或证实。不过，并不是所有的方法都必须实施，只有在相关方面要求时才需要实施。

在规程标准中，程序指示需要符合可追溯/可证实性原则。因此，规范标准中的行为指示、转换条件和结束条件需要清晰明确，以确保程序的执行可以被证明或证实。如果这些指示不够清晰或存在歧义，那么它们就没有实际意义。

示例：

某个生产过程的规程标准中，规定了在某个步骤中需要检测某个参数的数值，并在记录表格上进行记录，那么这个规程标准需要遵循可追溯/可证实性原则，即在记录表格中需要包含可以追溯到该参数检测的时间、地点、检测人员等信息，以便进行追溯和验证。同时，规程标准也需要提供相应的证实方法，例如，测量和试验方法，以确保所记录的数值真实可信。这样才能保证规程标准的可追溯性和可证实性。

2. 五个要素项的写作

（1）标准名称

1）规程标准的名称应该包含词语"规程"，以表明这是一种规程标准。

通常，词语"规程"应该放置在标准名称的补充要素中，如"马铃薯脱毒试管—苗繁育规程"；在编写标准某个部分的名称时，词语"规程"可以放置在主体要素中。根据具体情况，标准名称中可以包含程序或阶段的具体名称，以便更好地表达标准的内容。

示例：

（a）生产线人员操作规程

（b）机床维护保养规程　第3部分：刀具更换程序

2）规程标准的标准名称英文翻译应该使用"code of practice"，而不是直接翻译"规程"。

示例：

（a）地下管道工程——设计规程——第2部分：燃气管道

（b）Underground pipeline engineering——Code of practice for design——Part 2：Gas pipelines

（c）医用电气设备——第2-40部分：肌电图和诱发反应设备基本安全和基本性能的特殊要求——规程

（d）Medical electrical equipment——Part 2-40：Particular requirements for basic safety and essential performance of electromyographs and evoked response equipment——Code of practice

（e）信息技术——安全技术——信息安全管理规程

（f）Information technology——Security techniques——Code of practice for information security management

（2）范围

范围应该简要说明标准涉及的具体程序名称，明确描述每个阶段或步骤的行为指示，转换条件或结束条件，并指出所描述的追溯或证实方法。

范围的典型表述形式为："本标准（部分）确立了……程序，规定了……阶段/步骤的（操作、管理等）指示，以及……阶段/步骤之间的转换条件，描述了……追溯/证实方法。"表述具体程序时，使用词语"确立"；表述行为指示和转换条件时，使用词语"规定"；表述追溯/证实方法时，使用词语"描述"。

示例：

（a）本标准规定了医用器材电磁兼容性评价的程序，包括评价的目的、评价的对象、评价的方法等阶段的管理和操作指示，以及各个阶段之间的转换条件，描述了测量和试验方法、信息化方法等多种追溯方法。

（b）本标准规定了挖掘机修理维护规程，确立了维护工作的程序，包括维修计划编制、维修工作票的编制、维修人员的操作要求等阶段的管理和操作指示，以及各个阶段之间的转换条件，描述了记录、目视检查、客户确认等多种追溯方法。

（3）程序确立

1)"程序确立"这个要素，要求按照通常的逻辑次序来确定标准所涉及的具体程序的构成。通常而言，程序确立会描述一个完整的活动程序或者其中的某个阶段，根据标准中规定的具体内容而定。

示例：

如果某个标准是针对一项工程的施工而制定的，那么程序确立要素可能会包含诸如现场勘察、设计、物料采购、施工安装、检验验收等程序步骤，需要按照这些步骤的逻辑次序来确定构成。而如果标准是关于某种产品的生产工艺规程，那么程序确立要素可能会涵盖诸如原料配比、混合制备、加工成型、质量检验等阶段，同样需要按照逻辑次序来确立。

2)根据具体的情况，程序可分成多个步骤来执行，如果一个程序包含的步骤较多，也可以将程序划分成多个阶段，再将每个阶段分成步骤来细化执行。这种做法可以使程序更加清晰明了，让执行者更容易理解和执行，也方便程序的管理和监督。

示例：

一份规程标准可以规定某个生产过程，这个生产过程可分为多个阶段，如前期准备、生产操作、后期处理等，每个阶段又可细分为多个步骤，如原材料采购、清洗、混合、包装等。这样的划分可以更好地指导生产过程的执行，并且可以方便监测和评估每个步骤的执行效果。

3）根据具体情况，程序可以被划分为步骤，也可以先将程序划分为阶段再进一步细分为步骤。为了清晰、明确地描述出程序的构成，可以采用陈述性条款或流程图的方式进行描述。如果使用陈述性条款可以清晰明确地描述出程序的构成，那么就可以仅使用陈述性条款的方式来确立程序；如果程序非常复杂，使用陈述性条款不能清晰明确地描述出程序的构成，那么可以综合运用陈述性条款和流程图的方式来确立程序。此时，陈述性条款的内容应简练明了，且与流程图所表述的内容不冲突或矛盾。流程图中所使用的符号、符号名称及用途应符合相关领域现行适用的标准规定。

示例：

制造车间的质量控制程序可以按照以下步骤进行：

（a）原材料检查。

（b）零件加工。

（c）中间产品检查。

（d）组装。

（e）最终产品检查。

（f）包装。

这个程序可以通过陈述性条款来描述，如下所示：

（a）原材料检查。检查原材料是否符合规定标准，如外观、尺寸、硬度等。

（b）零件加工。加工零部件，按照技术要求加工。

（c）中间产品检查。对加工完成的零部件进行检查，确保其质量符合要求。

（d）组装。将零部件组装成成品，按照技术要求进行组装。

（e）最终产品检查。对成品进行检查，确保其质量符合要求。

（f）包装。对成品进行包装，确保其在运输和储存过程中不受损。

除了使用陈述性条款,还可以使用流程图来描述这个程序。流程图中可以使用符号来表示每个步骤,并附上简单的说明性文字。符号名称和用途应符合相关领域现行适用的标准的规定,如 GB/T 1526 等。

4)当一个程序的某个阶段/步骤有多个后续阶段/步骤可供选择时,规程标准应该明确说明这些后续阶段/步骤适用的情况,并根据需要说明它们之间的关系。

示例:

假设一个标准规定了一项工作需要进行多个步骤,其中第 3 个步骤有两个可供选择的后续步骤,分别是步骤 4 和步骤 5。那么在规程标准中,应该阐明在何种情况下选择步骤 4 作为后续步骤,何种情况下选择步骤 5 作为后续步骤,并对两种选择方式的不同适用情形进行详细的描述。例如,如果选择步骤 4,则需要满足某些条件,如环境温度在一定范围内、设备状态正常等;如果选择步骤 5,则需要满足另一些条件,如时间紧迫、其他资源不足等。这样可以确保标准的执行具有明确性和可操作性,减少错误和失误的发生。

5)在制定标准时,如果要确立具体程序的构成,这些构成内容可以并入"程序指示"的要素中,并且通常应该放在"程序指示"的开头位置。

示例:

在一份规程标准中,涉及某个程序的确立和操作指示,可以将程序的构成和步骤作为程序指示的一部分,并在起始部分进行说明。具体如下:

程序指示

本规程涉及的程序为×××的操作程序。该程序的构成包括第一阶段为备料;第二阶段为加热;第三阶段为搅拌;第四阶段为冷却。每个阶段的具体操作指示如下。

(4)程序指示

1)在规程标准中"程序指示"中的"履行阶段/步骤的行为指示"是指具体步骤需要执行的操作或管理行为;"转换条件/结束条件"则是指在执行一个步骤之后,如何才能进入下一个步骤,以及如何结束整个程序。如果一个步骤之后存在多个可选的后续步骤，规程标准应该规定每个后续步骤的转换条件，以保证执行程序的合理性和可行性。如果规程标准中只涉及程序的某个阶段，或者不需要规定转换条件，那么要素"程序指示"应该规定结束条件。

示例：

制定一份交通安全规程标准，其中包括了行车过程中的安全行为指示和行为规范，以及转换条件和结束条件。比如，行车过程中应保持车道内正常行驶，不得超速、逆行、占用应急车道等行为；遇到紧急情况需要急刹车时，应提前使用危险警示灯和喇叭，确保其他车辆和行人安全。同时，如果需要在路口转弯或者变道行驶，要求明确标记转弯路线并且在合适的时间使用方向灯，确保安全转弯。此外，规程标准还应规定转换条件，比如在高速公路上行驶到出口时应提前减速，避免发生危险事故。当然，如果某些行车场景下没有转换条件，规程标准也应规定相应的结束条件，比如到达目的地后车辆应停稳，并确认乘客和行李已经安全下车。

2）为指示应按照逻辑顺序编排，并使用指示性条款表述。这意味着，在描述一个过程的行为指示时，应按照逻辑顺序来组织和表述这些行为指示。同时，行为指示应使用指示性条款表述，以确保它们是明确、具体且易于理解的。

转换条件和结束条件应使用要求性条款表述。这意味着，在描述一个过程的转换条件和结束条件时，应使用要求性条款来表述。要求性条款通常使用"只准许……"等句式，明确规定哪些条件必须满足，哪些行为是不被允许的。

示例：

例1 马铃薯脱毒试管苗繁育的操作指示中，应按照培养的逻辑次序编排行为指示，比如"将筛选出的幼龄薯块放入培养瓶中""加入适当的培养基"等，同时应使用指示性条款表述这些行为指示。

例2 在薯块进行类病毒/病毒检测筛选阶段，应使用要求性条款明确规定检测结果的要求，如"只准许经检测不含病毒的块茎或植株进入下一阶段"等。

3）"程序指示"应该通过章和条的形式进行设置，章一般对应于程序中的阶段，条对应于步骤，而相应的操作则应该按照规定进行说明。

示例：

"程序指示"可以根据"程序确立"设置章或条，具体如下：

第3章　选苗工作程序

3.1　田间选择

3.1.1　选择地点

指示内容为选择地势高、排水良好、土层深厚、土壤肥沃、前茬作物与马铃薯无害关系的土地进行田间选择。

3.1.2　选择原则

指示内容为选择肉质、形状良好，无病斑、虫蚀、机械损伤等表面缺陷的马铃薯种薯。

3.2　类病毒/病毒检测筛选

3.2.1　样品采集

指示内容为在田间选择出的每个品种内，随机采取2~3株无病斑、虫蚀、机械损伤等表面缺陷的植株，将其叶片、茎尖、茎中段、叶柄等不同部位切碎，混合后取适量（约100g）做样品。

3.2.2　试管检测

指示内容为将样品分装入3支含4ml N/10 NaOH的试管中，用玻璃棒或玻璃棉棒蘸取样品后，慢慢地渗入液体，轻轻刮擦吸收的液体，避免气泡形成，加盖，进行病毒筛查。

4）在编写程序指示时，应该按照逻辑次序编排行为指示，并采用带编号的列项形式，以展现各步骤的先后顺序。

示例：

对于一份关于制作红烧肉的菜谱，可以按照逻辑次序编排行为指示，即先准备好材料，再热锅冷油，放入糖色，翻炒均匀，放入调料和水，等待烧开后放入肉块，焯水后捞出备用，将炒好的调料汁倒入锅中，放入肉块，炖煮至入味。同时，每个步骤可以采用带编号的列项形式展示，如下所示：

（a）准备材料包括猪肉、姜、蒜、香叶、桂皮、干辣椒、八角等。

（b）热锅冷油，放入适量的糖色。

（c）加入准备好的调料，翻炒均匀。

（d）加入适量的水，等待烧开。

（e）放入肉块，焯水后捞出备用。

（f）将炒好的调料汁倒入锅中。

（g）放入焯好水的肉块，炖煮至入味。

5）在制定规程标准时，如果规定的操作可能存在危险，就需要在"程序指示"部分的开头用黑体字标出警示内容，并规定专门的防护措施。此外，规程标准还可以在附录中给出有关安全措施和急救措施的细节说明。

示例：

如果规程标准是关于某种化学试剂的使用，而这种试剂有毒性，那么"程序指示"部分就需要标出警示，如"使用本试剂时需戴手套、口罩和护目镜"等，并在附录中详细说明有关的安全措施和急救措施，如"接触到皮肤后应立即用大量清水冲洗，如有异常症状应及时就医"。

（5）追溯/证实方法

1）概述

规程标准中判定程序是否得到履行的方法可以是追溯方法和证实方法，并且通常行为指示采用追溯方法，而转换条件和结束条件采用证实方法。具体来说，追溯方法指的是通过记录、标记、录音、录像等手段，回顾程序执行的过程来判断程序是否得到履行。证实方法指的是通过对比、证明文件、测量和试验等手段，验证程序是否得到履行。

总之，规程标准中判定程序是否得到履行的方法需要根据实际情况进行选择和编写，并且需要考虑行为指示、转换条件和结束条件的不同特点和需要。

示例：

一个厨房的规程标准中要求在煮开水的过程中，需要等水煮沸后再放茶叶，这个行为指示可以通过过程记录/标记来追溯是否被履行，例如，记录下开水煮沸的时间，再记录下放茶叶的时间；而煮沸这个阶段的结束条件可以采用证实方法，例如，通过温度计来测量水的温度是否达到沸点。

2) 一般要求

a. 在起草规程标准时，应当考虑如何确保规程标准的可追溯性和可证实性。其中，"追溯方法"指描述如何记录、标记等追溯行为的方法，"证实方法"指描述如何对行为指示中规定的转换条件和结束条件进行证明的方法。规程标准中应当描述在关键节点下的追溯/证实方法，可以通过"程序指示"中进行说明，也可以单独作为一个章节或规范性附录来描述。

示例：

规程标准名称：食品加工生产车间卫生规范

针对要素"程序指示"中的行为指示：生产车间内设有无菌区和非无菌区，进出无菌区必须更换工作服、帽子、口罩和鞋套，进出非无菌区要更换工作服、帽子和鞋套，口罩可视情况决定。

对应的追溯方法可以编写为：在生产车间内设立追溯点，记录进出无菌区和非无菌区的工作人员的姓名和时间，以及更换的工作服、帽子、口罩和鞋套的编号和状态。在规程标准中可以将这个追溯方法作为一个独立的章节，或者在"程序指示"中并入具体的行为指示中。

b. 如果追溯/证实方法作为单独的章节来编写，那么应该按照其所对应的行为指示、转换条件和结束条件的顺序来编写。

示例：

规程标准——产品检验规程

A 程序指示

(a) 产品检验应在每批次开始前进行。

(b) 根据规定的检验标准进行检验。

(c) 如出现不合格情况，应按照相关规定进行处理。

(d) 如检验通过，应进行下一步操作。

B 转换条件

只有通过检验的产品，方可进入下一步操作。

C 结束条件

当所有产品都完成了检验，方可结束该批次检验。

D 追溯/证实方法

根据每批次的检验记录和检验报告，可追溯到具体产品的检验结果，证实该批次产品是否符合要求。

c. 当制定规程标准时，需要考虑如何追溯或证实程序是否得到了正确的履行。因此，规程标准中应该包含相关的追溯/证实方法，以确保程序的可追溯性和可证实性。如果存在现行适用的标准，那么应该在规程标准中引用这些标准；如果没有适用的标准，那么规程标准应该描述相应的追溯/证实方法。

这样做的好处是能够确保规程标准的准确性和可信度，同时提高标准的可比性和通用性。

示例：

假设制定一项针对某种医疗器械的规程标准，其中包括一项要求对该器械进行性能测试的行为指示。那么在追溯/证实方法章节中，可以引用现行适用的标准，如 ISO 14971：2019，描述如何进行性能测试的追溯/证实方法。如果没有适用的标准，可以在规程标准中描述该器械性能测试的具体追溯/证实方法。

d. 在规程标准中如果有多种可行的追溯或证实方法，一般只需要描述其中一种方法。如果有特殊情况需要描述多种方法，那么应该指定一种方法作为仲裁方法，以保证规程标准实施的一致性。

示例：

假设有一个规程标准用于确定某种产品的质量控制标准，其中包含了该产品的检验程序。该标准规定在质检过程中需要进行外观检查、尺寸测量和物理性能测试。针对这些检验项目，可以有多种适用的追溯/证实方法，如下：

（a）外观检查。可以使用目视检查、摄影记录等方法。

（b）尺寸测量。可以使用数码卡尺、投影仪等工具进行测量，并记录测量值。

（c）物理性能测试。可以使用拉伸试验、压缩试验等方法进行测试，并记录测试结果。

根据原则，应选择一种最适合的追溯/证实方法进行描述。如果由于特殊情况需要列入多种方法，那么应指明如何确定最终结果，例如，选择最高或最低值作为最终结果，或者使用平均值作为仲裁方法。

3）追溯/证实方法的内容及编写

a. 测量和试验方法应包括试验步骤和数据处理，可能还要增加试剂或材料、仪器设备、技术条件、环境条件等。但通常不涉及测量和试验方法的原理等内容。试验步骤、数据处理等内容应遵循 GB/T 20001.4 给出的有关规则进行编写。

示例：

假设我们要编写一份测量方法来测量一杯水的温度。该测量方法可能包括以下内容：

A 试验步骤

（a）使用温度计测量水的温度。

（b）确保温度计的刻度尺在摄氏度（℃）标度下。

（c）将温度计插入水中，直至水和温度计接触良好。

（d）等待几秒钟，直到温度计读数稳定。

B 数据处理

（a）记录温度计的读数，保留到小数点后一位。

(b) 将读数转换为摄氏度（℃）。

C 其他内容

（a）试验材料。温度计、杯子、水。

（b）仪器设备。温度计。

（c）技术条件。测量时应保持温度计与水接触良好。

（d）环境条件。测量时应在常温下进行。

在编写这份测量方法时，需要按照规定的试验步骤和数据处理规则进行，同时还需考虑到其他内容如试验材料、仪器设备、技术条件和环境条件等。

b. 对于过程记录/标记、录音、录像、对比、证明文件等方法，需要描述实施这些方法的主体是谁，实施频率是多久一次或者需要持续多长时间，实施的地点在哪里，以及记录/标记/录制/对比/证明材料的内容是什么。这些细节信息的描述，可以帮助确保该证实方法的实施和记录能够真实、准确地反映实际情况。

示例：

假设某公司的标准规定需要按照特定的程序检查产品的质量，并记录下检查结果。这个程序的检查结果可以通过现场记录的方式进行追溯。

在编写追溯方法的章节时，可以描述实施该追溯方法的主体为公司的品质控制部门，每个生产批次都需要进行一次检查，检查时间为每个生产批次结束后的第二个工作日，检查地点为产品质检区域。记录内容包括生产批次号、检查时间、检查员、检查结果等。

（四）指南标准

GB/T 20001.7—2017《标准编写规则 第7部分：指南标准》规定了起草指南标准的总体原则和要求，以及指南标准的结构、标准名称、范围、总则、需考虑的因素和附录等要素的编写和表述规则。这个部分适用于各个层次的标准，针对产品、过程、服务或系统制定指南标准的起草。但是，标准并不适用于提供指南的管理体系标准的起草。指南标准中，封面、目次、前言、引言、规范性引用文件、术语和定义等部分按照 GB/T 1.1 的要求，其他要素项的写作结构如图 2-8 所示,其中第 1、第 2、第 4 项为必要内容。

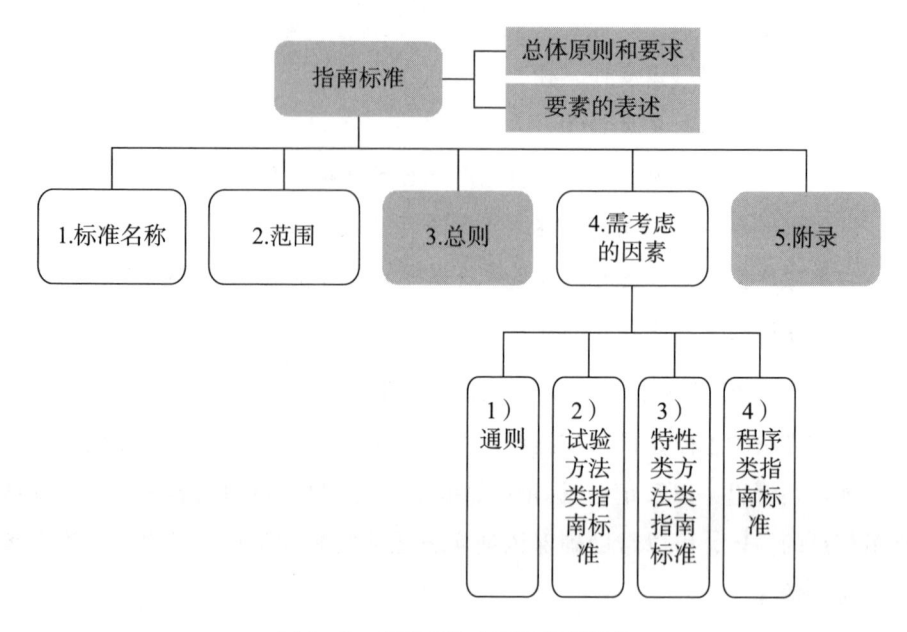

```
                    指南标准 ─┬─ 总体原则和要求
                              └─ 要素的表述
        ┌──────┬──────┬──────┼──────────────┬──────┐
     1.标准   2.范围  3.总则   4.需考虑        5.附录
       名称                    的因素
                              ┌────┬────┬────┬────┐
                              1)   2)   3)   4)
                              通则  试验  特性  程序
                                    方法  类方  类指
                                    类指  法类  南标
                                    南标  指南  准
                                    准    标准
```

图 2-8 指南标准主要要素项结构

指南标准主要是为了提供关于产品、过程、服务或系统标准化实施的指导性信息,帮助用户理解和实施标准。本部分规定了指南标准的结构和编写要素,使得编写人员能够按照规定的标准化格式编写指南标准,从而提高指南标准的一致性和可比性。同时,本部分也指出了指南标准的适用范围和不适用范围,避免了指南标准的误用和滥用。对应规范标准的总体原则和要求、要素的表述和五个要素项的写作方法具体如下。

1. 总体原则与要求

指导方向明确原则指出指南标准中的指导是不可缺少的技术内容,需要提供明确的指导方向和相关信息,以帮助标准使用者起草标准或技术文件,并实现指南标准的目的。如果无法形成明确方向性的技术内容,则意味着起草指南标准的基本条件还未成熟。

总体要求方面,起草指南标准时应遵守 GB/T 1.1 的有关规定,即符合标准编写的一般规范要求,确保指南标准的可读性、准确性、一致性等。

示例：

某制定关于健身计划的指南标准的例子。

根据指导方向明确原则，在指南标准中需要提供明确的指导方向，以便帮助使用者制定健身计划。在"总则"中可以阐明制定健身计划的目的、重要性、可行性等方面的内容；在"需考虑的因素"中可以提供制定健身计划的步骤、具体实施方式、监督评估方法等方面的指导，并给出相关建议和背景信息。

按照总体要求，制定指南标准时需要遵守 GB/T 1.1 的有关规定，例如，标准名称、范围、术语和定义等方面的规定。例如，在标准名称中可以明确指出该指南标准的对象为个人或群体健身计划而制定，范围则可以包括制定健身计划的各种类型和应用场景。在术语和定义中可以规定涉及健身计划的相关术语，并给出明确的定义，以确保标准的准确性和统一性。

2. 要素的表述

（1）指南标准应该使用推荐性条款或陈述性条款来表述指导，使用推荐性条款来表述建议，使用陈述性条款来表述信息。在表述时，不应该使用要求性条款或类似于"要求""总体要求""规定"等措辞。如果需要强调，可以使用"……是至关重要的""……是十分必要的""……是……重要因素""最重要的是……"等表述形式。推荐性条款通常涉及方向性、原则性的内容，而建议通常涉及具体的内容。

示例：

举一个关于"指导"和"建议"的例子。

假设一份指南标准是针对食品加工工厂的卫生标准。以下是一些可能的条款：

指导——应定期进行设备和设施的清洁和消毒，以确保食品安全。

建议——建议在食品生产过程中使用手套和口罩等防护设备，以减少污染的可能性。

指导——应将食品储存于符合卫生标准的冰箱中，以防止细菌的繁殖。

建议——建议在食品加工过程中使用一些有效的食品添加剂，以延长食品的保质期和降低食品的腐败率。

这些条款中，指导条款通常涉及方向性和原则性的内容，提供了一些应该采取的措施和操作，以确保符合卫生标准。而建议条款通常提供更具体的建议，以增强食品安全和卫生。

（2）当指南标准需要提供指导时，一般会在"总则"这个章节中表述。而对于具体的指导，建议在"需考虑的因素"这一章节的相关条款的开头进行表述。

示例：

一份指南标准旨在为某种产品的生产提供指导。在该标准的"总则"中，可以表述指导的整体方向和目的，例如，提高产品质量或者降低生产成本等。在"需考虑的因素"中，具体的指导可以在相关章节或条款的起始部分提出，例如如何选择原材料、生产工艺、检测方法等方面的指导。

（3）在指南标准中，如果要提供具体的建议，应该在提供指导的基础上，进一步给出更加具体的内容，同时这些内容应该表述在"需考虑的因素"章节中，以便读者更好地理解和应用。

示例：

在制定一份食品安全的指南标准中，针对食品质量的指导可以在总则中提出，如"食品安全指南标准的主要目的之一是确保食品质量符合国家和地区的标准和规定"。而在"需考虑的因素"中，可以提出具体的建议和指导，如食品储存条件、加工过程中的温度、原料的选择等方面需要考虑的因素，以确保食品的质量符合标准。例如，在某种食品的制作过程中，需要指导标准使用者使用新鲜的原料，避免使用腐烂或过期的原料，还需要对食品的储存条件、温度等方面进行指导，以确保食品的质量达到标准要求。

（4）在编写指南标准时，有时需要提供相关信息来支持指导和建议的表述，这些信息通常被包含在"需考虑的因素"中。因此，在给出信息时，宜将其表述在"需考虑的因素"中，以确保相关信息与指导和建议紧密相关，更加清晰明确。

示例：

以一个产品标准为例，如果产品标准涉及材料选择的问题，可以在"需考虑的因素"中提供不同材料的性能比较信息，例如，强度、耐久性、成本等方面的数据，以供标准适用者参考。这些数据可以在"需考虑的因素"章节中进行表述。

3. 五个要素项的写作

（1）标准名称

1）指南标准的标准名称中应该包含词语"指南"，以表明这个标准的类型。通常，这个词语"指南"应该放在标准名称的补充要素中。如果是在编写标准的某个部分的名称时，词语"指南"可以放在主体要素中。这个规则的主要目的是使标准名称更具有表达能力和明确性，让人一眼看出这是一份指南标准。

示例：

（a）新能源汽车充电设施建设指南标准

（b）污染物治理技术选择指南标准

（c）森林防火指南标准

（d）防洪抗旱技术指南标准

（e）社区服务指南　第1部分：总则

2）指南标准的英文译名中通常可以用"guidance""guidelines"或"guide"来表达对应的汉语"指南"。

示例：

（a）消防应急预案编制指南 – Guidelines for Compilation of Fire Emergency Plan

（b）道路交通安全设施管理 规范　第3部分：山区道路栈桥设计指南 – Part 3 of Specification for Management of Road Traffic Safety Facilities: Guidelines for Design of Stacked Bridges on Mountainous Roads

(c) 制药行业压缩空气质量指南 – Guidance on Compressed Air Quality in Pharmaceutical Industry

(d) 机器人技术应用导则 – Guidelines for Application of Robotics Technology

(e) 城市公共自行车租赁服务规范 第 2 部分：自行车租赁系统指南 – Part 2 of Specification for Urban Public Bicycle Rental Services：Guidelines for Bicycle Rental System

(f) 农产品质量安全管理规范 第 5 部分：水果采后管理指南 – Part 5 of Specification for Quality and Safety Management of Agricultural Products：Guidelines for Post – harvest Management of Fruits

(g) 企业文化建设指南 – Guidelines for Enterprise Culture Construction

(h) 环境监测质量保证指南 – Guidelines for Quality Assurance in Environmental Monitoring

(2) 范围

范围是指在指南标准中，对于不同的类别和主题，对其主要技术内容作出提要式的说明，包括涉及哪些"需考虑的因素"，提供哪些指导、建议或信息等。范围的表述通常使用"本标准（部分）提供/给出了……［某主题］的……指导/建议/信息……"的方式，其中指导和建议使用"提供"来表述，而信息则使用"给出"来表述。在指出不同类别指南标准中涉及"需考虑的因素"时，需要根据具体情况选择恰当的、惯用的名称或措辞，以便更加准确和明确地表达出相应的技术内容。

示例：

(a) 本标准提供了汽车油液中添加剂的指导，包括添加剂种类、添加量、加注方式、添加顺序等方面的建议和信息。

(b) 本标准给出了清洁用品选择指南，提供了使用清洁用品的方法、注意事项以及清洁效果的评估指导。

(c) 本部分提供了化妆品生产过程中品质保证的指导和建议，包括原材料选择、生产过程控制、包装和储存等方面的要点。

（d）本标准提供了饮用水中有机物检测的指南，包括采样、样品处理、测定方法等方面的建议和信息。

（e）本部分提供了火灾逃生指南，包括火灾前的预防措施、火灾发生后的逃生方法、疏散路线等方面的指导和建议。

（3）总则

总则是对某一主题的总体认识和把握，是根据具体情况经过提炼和总结形成的具有普适性的指导原则。一些指南标准会设置"总则"作为指导原则的基础，并在此基础上编写"需考虑的因素"的内容。

"总则"可以使用不同的标题，如"总体原则""总体考虑""基本原则"等。在编写总则时，需要考虑主题的全局性和适用性，将其作为指导原则，为后续编写"需考虑的因素"提供基础。同时，"需考虑的因素"中的内容需要与"总则"相对应，遵循"总则"所规定的指导原则。

示例：

以下是一个指南标准中"总则"与"需考虑的因素"之间对应关系的示例，此示例为针对儿童安全教育的指南标准。

示例中，第4条给出了"总则"，第5条给出了"需考虑的因素"。可以看出，"需考虑的因素"中所有内容都符合对应的"总则"，比如说5.1的"制定具体、实用、生动的安全教育方案"符合4.1的"开发生动、易于理解的教育内容"。

例子　儿童安全教育

4　总则

4.1　生动易懂

儿童安全教育应该使用生动、易于理解的语言和图片等内容，让儿童轻松理解安全知识。

4.2　全面细致

儿童安全教育应该覆盖安全教育的方方面面，细致入微。

4.3 适龄适性

儿童安全教育应该根据儿童的年龄和认知水平来制定不同的教育内容和方式。

......

5 需考虑的因素

5.1 安全教育方案

为了让儿童更好地理解和掌握安全知识，需要制定具体、实用、生动的安全教育方案。

5.2 教育工具

除了生动、易懂的语言和图片，可以使用多种多样的教育工具来增强儿童的学习兴趣，如互动游戏、视频教育等。

5.3 专业人员

需要专业的安全教育人员对儿童进行安全教育，以确保教育的质量和效果。

......

（4）需考虑的因素

1）通则

"需考虑的因素"部分。这个部分是指南标准中的核心技术内容，它描述了使用该标准所需要考虑的要点、内容或因素。在不同的情况下，这个部分的标题可能会有所不同，如"需考虑的内容"或"需考虑的要点"等。

指南标准可分为试验方法类、特性类、程序类等不同的类别。由于不同类别的指南标准所涉及的主题不同，因此它们"需考虑的因素"的具体结构和内容也会不同。

示例：

以下是一些可能出现在"需考虑的因素"中的例子。

（a）对标准化对象的定义和分类

（b）实验室设备和试验方法

（c）检验和测试要求

（d）数据处理和结果分析

（e）安全要求和操作规范

（f）质量控制和质量保证

（g）性能参数和指标定义

（h）技术规范和标准要求

（i）范围和适用性的说明

（j）数据报告和记录要求

这些因素会根据不同的指南标准而有所变化，例如，建筑材料的指南标准可能会包括安全规定、抗震性能、建筑环保等方面的因素，而计算机应用的指南标准可能会包括软件编程规范、安全漏洞扫描等方面的因素。

2）试验方法类指南标准

试验方法类指南标准可以为某项试验方法提供指导、建议或信息，以便标准使用者能够形成相关的试验方法标准、技术文件或者形成与试验方法有关的技术解决方案。其中，"需考虑的因素"是试验方法类指南标准的核心技术内容，包括试验原理、试剂或材料、试验条件、仪器设备、试验步骤、试验数据处理以及试验报告等。在"需考虑的因素"中，可以提供方法性质、选择原则和需考虑的要点等，从而提供指导或在指导的基础上提供建议。此类指南标准不应包括具体的原理、条件和步骤。

示例：

以下是试验方法类指南标准"需考虑的因素"的具体例子。

（a）试验原理。清晰地描述试验原理和所需材料、设备。

（b）试剂或材料。对于试剂或材料，提供规格、纯度、来源、保质期等信息。

（c）试验条件。描述试验所需的环境条件，如温度、湿度、压力等，以及可能影响试验结果的因素。

（d）仪器设备。描述使用的仪器设备，包括型号、规格、精度等。

(e)试验步骤。详细描述试验步骤,并提供注意事项、常见问题及其解决方法。

(f)试验数据处理。提供试验数据处理方法和注意事项,包括数据记录、数据处理、结果评价等。

(g)试验报告。提供试验报告的主要内容和格式,包括试验目的、方法、结果、结论等。

通过这些"需考虑的因素",试验方法类指南标准能够为标准使用者提供关于试验方法的指导、建议或信息,从而帮助他们制定相应的试验方法标准、技术文件或技术解决方案。

3)特性类指南标准

特性类指南标准适用于在一些新兴或复杂的领域中,建立适用的还不确定的规则。但由于与所涉及的主题相关的技术特性或特性值还不明确,因此起草特性类指南标准可以提供选择特性或特性值的指导、建议或信息,从而帮助标准使用者形成相关的规范标准、技术文件,或者形成与特性有关的技术解决方案。

特性类指南标准中的"需考虑的因素"根据具体情况可考虑"特性选择"和"特性值选取"两个方面。这些因素包括选择特性或特性值的要素框架、确定原则和需要考虑的要点等,以提供方向性的指导或在指导的基础上提供建议。此外,特性类指南标准还可以推荐供选择的特定数据或一定范围的数据,或提供具有技术内容的资料、文件、发展模式案例等信息,供标准使用者在特性选择和特性值选取时参考。

特性类指南标准不应规定要求,也不应描述证实方法。

示例:

(a)无人机摄像系统图像质量特性选取指南。本指南标准提供了针对无人机摄像系统图像质量特性选取的指导,包括分辨率、信噪比、动态范围、白平衡等特性的选择原则和需要考虑的要点等。

(b)医疗器械材料特性选择指南。本指南标准提供了针对医疗器械材料特性选取的指导，包括力学特性、化学特性、生物相容性等方面的选择原则和需要考虑的要点等。

（c）电动汽车电池特性值选取指南。本指南标准提供了针对电动汽车电池特性值选取的指导，包括容量、电压、充电速率、循环寿命等特性值的选取原则和需要考虑的要点等。

（d）人工智能算法性能特性选择指南。本指南标准提供了针对人工智能算法性能特性选择的指导，包括准确度、精度、召回率、F1值等方面的选择原则和需要考虑的要点等。

这些指南标准都是通过提供指导、建议或信息来促进特定领域或系统的持续发展，帮助标准使用者选择特性或特性值，以达到规范、统一和优化的目的。

4）程序类指南标准

如果针对某个特定过程，其程序还不明确，那么就可以通过制定程序类指南标准来提供有关程序确立和程序指示的指导、建议或信息，以便指导标准适用者制定相关的规程标准、技术文件或者形成与程序有关的技术解决方案。

程序类指南标准中要素"需考虑的因素"的具体结构和内容应能够表明活动的规律。具体内容包括程序确立和程序指示两个方面，可以提供指导程序确立或程序指示的原则、方法、需要考虑的要点等信息，从而提供指导或建议。此外，还可以针对程序指示推荐一系列行为指示、转换条件/结束条件，以及选择的原则供标准使用者选取。

需要注意的是，程序类指南标准中不应规定具体的履行程序的指示和条件，也不应描述证实方法。

示例：

针对某种制造工艺的流程，若其中某些活动的程序还不明确，则可以通过起草程序类指南标准，提供针对程序确立、程序指示的指导、建议或信息，也可以指导标准适用者形成相关的规程标准、技术文件或者形成与程序有关的技术解决方案。

程序类指南标准中要素"需考虑的因素"的具体结构和内容应能够表明活动的规律，根据具体情况可考虑"程序确立""程序指示"两个方面。在"需考虑的因素"中，可以提供指导程序确立或程序指示的原则、方法和需要考虑的要点等，从而提供指导或在指导的基础上提供建议；也可以针对程序指示推荐供选择的系列行为指示、转换条件/结束条件，并给出选择的原则，供标准使用者选取。

例如，如果需要制造一种复杂的机械零件，其中某些工艺流程还未确定，可以编写程序类指南标准，指导确定这些流程的程序确立和程序指示，并提供相关的建议和信息。这样可以帮助标准使用者形成规范的流程，提高生产效率和产品质量。但是这类指南标准不应规定具体的履行程序的指示和条件，也不应描述证实方法。

（5）附录

指南标准中的附录部分的作用是提供额外的技术内容，包括资料、文件、详细信息的图表和案例以及具体的建议等。通常情况下，推荐性的内容被形成为规范性附录，而其他内容则被形成为资料性附录。规范性附录提供了额外的规则和指导，帮助用户更好地理解和实现指南标准中的要求。资料性附录则提供了额外的背景信息和数据，用于补充和扩展指南标准的内容。

示例：

下面是一些可能会包含在指南标准附录中的内容的例子。

（a）详细的测试步骤和数据记录表格。

（b）相关文献列表和参考书目。

（c）实验室设备和器材的清单和规格说明。

（d）具体的技术建议和实用指南，如如何优化实验方法、如何更好地处理数据等。

（e）图表、图示和示意图等，以帮助使用者更好地理解和使用指南标准。

（f）实际应用案例，以说明如何应用指南标准解决实际问题。

（g）对于试验方法类指南标准，附录中可能还包含样品制备方法和特殊样品处理程序。

（h）对于特性类指南标准，附录中可能包含实际样本的数据，以说明如何选择特性值和如何进行特性测试。

（i）对于程序类指南标准，附录中可能包含具体的流程图和说明，以帮助使用者更好地理解和实施程序。

（j）其他与指南标准主题相关的资料和信息，以便使用者深入理解并更好地应用指南标准。

（五）产品标准

GB/T 20001.10—2014《标准起草规则　第10部分：产品标准》主要规定了起草产品标准的原则、结构、起草要求、表述规则和数值选择方法。本规则适用于国家、行业、地方和企业编写产品标准，并且主要针对有形产品的标准，无形产品的标准也可以参照使用。产品标准中，封面、目次、前言、规范性引用文件、术语和定义等部分按照 GB/T 1.1 的要求，其他要素项的写作结构如图 2-9 所示，其中第 2、第 3、第 5 项均为必要内容。

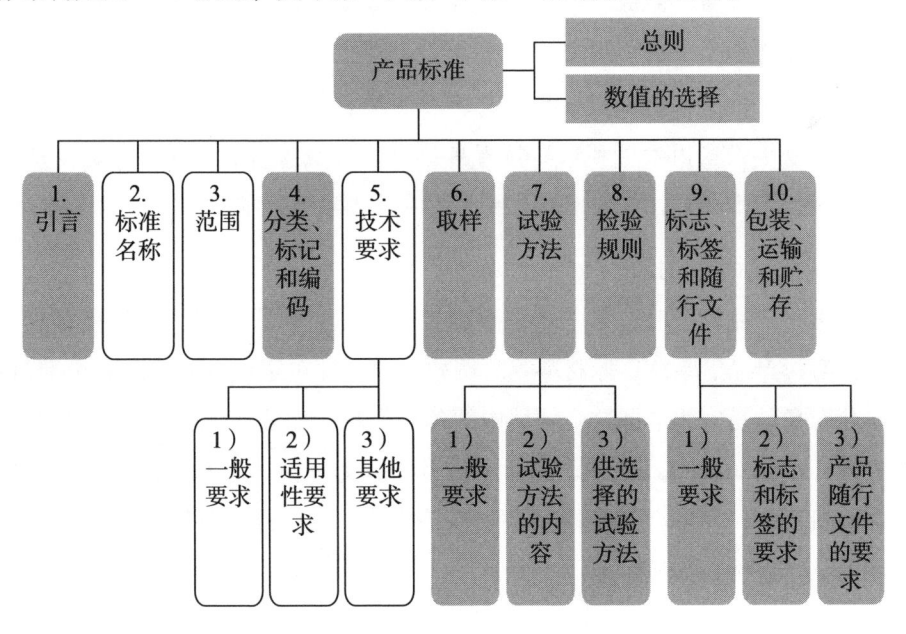

图 2-9　产品标准主要要素项结构

产品标准作为产品生产、检验、使用、维护及贸易洽谈等方面的技术依据，它在标准结构和标准要素起草方面有其特殊性。因此，为了更好地指导产品标准的编写，需要制定特殊的规定，以满足实际需要。这些规定包括确定标准的内容和结构以及标准要素的编写。对应产品标准的总则、数值的选择和十个要素项的写作方法具体如下。

1. 总则

（1）技术要素的选择原则

1）一般原则

在编写产品标准时，需要遵循一般的原则。这些原则包括在技术要素的选择和内容上考虑标准化对象，也就是具体的产品，以及标准的使用者和编制目的。这意味着产品标准需要根据不同的产品、使用者和目的进行定制化编写，以保证其有效性和实用性。这些原则的遵循有助于确保产品标准的准确性、可靠性和适用性。

示例：

对于一种食品产品的标准编写，技术要素和内容的选择需要考虑该食品的种类、生产加工方式、安全卫生要求、食用规范等方面的因素，同时也需要考虑食品生产企业、检验机构以及消费者等多个方面的使用需求和标准编制目的。基于这些因素，可以选择需要规定的检验项目、检验方法、生产工艺、包装标志等要素，并确定这些要素的具体内容和标准要求。

2）确定标准化对象

在编写产品标准时，第一步是要确定标准化对象或领域。标准化对象通常是指有形产品、系统、原材料等。例如，编写针对家用电器的产品标准时，标准化对象就是家用电器这个领域中的各种产品，如洗衣机、冰箱、空调等。在确定标准化对象时，也可以将标准化对象分为完整产品和产品部件。以电视接收机为例，完整产品是指整台电视接收机，而产品部件则是指电视接收机中的某个组件，如显示屏。

示例：

假设我们要编写一份产品标准，目标是规范手机的生产、质量控制和使用。首先，我们需要确定标准化对象或领域，即手机。手机是完整的产品，因此我们可以将标准化对象确定为"手机"，而非手机的某个部件。

在后续的编写过程中，我们需要考虑诸如手机的外观、功能、性能等方面的技术要素，以及对这些要素进行规范的标准内容和要求。同时，我们需要考虑到使用者的需求和期望，比如对手机的续航能力、操作便捷性、安全性等方面的要求。

总之，在确定产品标准的标准化对象时，需要考虑到标准使用的目的和受众，以及所编写的标准应该涵盖的范围和内容。

3）明确标准的使用者

在起草产品标准时，需要明确标准的使用者，常见的使用者有制造商或供应商、用户或订货方和独立机构，具体使用者的不同决定了产品标准的制定目的和依据。在国家标准和行业标准中，通常考虑到三方使用的需求，应当遵守"中立原则"，使得产品标准的要求能够作为第一方、第二方或第三方合格评定的依据。而在企业标准中，产品标准的使用者通常是企业自身，需要明确标准的使用者是企业的生产者还是采购者。

示例：

比如针对某个行业制定的产品标准，使用者可以是该行业的制造商或供应商（第一方），也可以是该行业的用户或订货方（第二方），或者是独立机构（第三方）。

如果这个产品标准作为国家标准或行业标准，那么它的使用者可能涵盖上述三方。因此，在起草这类产品标准时，需要考虑到中立原则，即产品标准的要求应该能够作为第一方、第二方或第三方合格评定的依据。

如果这个产品标准是企业标准，那么它的使用者可能就只限于企业内部使用，需要明确标准的使用者是企业的生产者还是采购者。

4）确定标准的编制目的

产品标准的编制目的是指为什么要编写该标准，标准的编制目的会影响技术要素的选择。产品标准的编制目的通常有以下几个方面。

a. 保证产品的可用性。确保产品在使用中具有可靠性、稳定性和一致性，满足用户的需求和期望。

b. 保障健康、安全。保护用户的健康和安全，防止对环境和公共利益造成危害。

c. 保护环境或促进资源合理利用。鼓励可持续发展，促进环保和资源的合理利用。

d. 便于接口、互换、兼容或相互配合。确保产品能够与其他产品或系统互通、兼容或相互配合。

e. 利于品种控制等。控制产品品种，方便产品质量管理和市场监管。

在标准的编制中，通常不在每个要求中都明确指出目的，但在起草标准时应明确编制目的，以便确定标准包括哪些要求。

示例：

一个标准编制委员会计划起草一份汽车轮胎的产品标准，首先需要确定标准化对象是汽车轮胎。接下来，需要明确标准的使用者，可能是轮胎制造商、车辆制造商、汽车维修工或是消费者。如果标准的使用者是消费者，那么标准的编制目的可能会侧重于轮胎的安全性能和使用寿命等方面；如果标准的使用者是车辆制造商，那么标准的编制目的可能会更注重轮胎的兼容性和可替换性等方面。因此，在确定标准编制目的时，需要考虑标准化对象、使用者以及编制目的之间的关系，以便确保产品标准的实用性和适用性。

5）符合性能特性原则

符合性能特性原则是在产品标准中确定要求时应考虑的一种原则，意思是尽可能用性能特性来表述要求，而不是用描述特性来表述要求。这样做有利于技术发展有更大的发挥空间。但是，需要注意确保性能要求中不漏掉重要的特性。但是，选择采用性能特性表述要求还是描述特性表述要求，需要仔细权衡其利弊，因为采用性能特性表述要求时可能需要耗费时间和金钱进行复杂的试验。总的来说，性能特性原则要求的是结果优先，因此，生产者可以采用不同的技术和方法来达到性能特性要求的结果。

示例：

假设我们要设计一款智能手表，作为产品标准的编制目的是保证手表的功能性能、安全性能和质量等方面符合标准。使用符合性能特性原则，我们可以将这些要求转化为具体的性能特性。

例如，手表的时间准确度是一个重要的性能特性。要求手表在正常使用情况下能够保持时间准确度在正负10秒以内，以保证用户的使用体验。另外，手表的防水性能也是一个关键的性能特性，需要保证手表能够在水下50米的深度下正常使用而不受影响。

同时，还需要考虑到其他方面的性能特性，如电池寿命、充电速度、屏幕分辨率、操作系统的流畅性等。通过对每个方面的性能特性进行详细的描述和要求，可以确保手表在各方面都达到预期的性能表现，并给予生产者充足的技术余地，以便他们可以通过不同的技术和方法来达到性能特性要求的"结果"。

6）满足可证实性原则

这一原则指出产品标准应只包含可以通过试验或其他方式证实的技术要求，如果没有一种试验方法可以在相对较短时间内证实产品是否符合某些要求（如稳定性、可靠性、寿命等），则这些要求不应在标准中规定。

这一原则的目的是确保标准中的要求是实际可行的，可以被生产者和第三方检验机构测试和证实。生产者不能只通过声称他们的产品符合标准中的要求来满足这个原则。相反，他们需要使用可靠的测试方法来证明他们的产品确实符合标准中的要求。

为了满足可证实性原则，标准中的要求应该使用明确的数值来定量描述。不能使用模糊的定性表述，如"足够坚固"或"适当的强度"。标准中规范性要求的数值应该与只供参考的数值明确区分，以确保标准中的要求是可证实的。

示例：

假设要制定一款玻璃杯的标准。根据可证实性原则，标准中应只包含可以通过试验方法来证实的技术要求。例如，可以规定杯子的容量、重量、尺寸等参数的数值范围，或者规定抗压、抗摔等性能要求的试验方法和要求。这些参数和性能可以通过实验进行测量和验证，可以通过测试结果来证明该玻璃杯是否符合标准。而不能像"足够坚固""适当的强度"这样的描述，因为这些表述是定性的，无法用数值来具体表示，也不能通过实验方法进行验证。

（2）避免重复和不必要的差异

避免重复和不必要的差异是标准化方法中的一个重要原则。为了减少重复和差异，一个产品的要求应该只在一个标准中规定。为了达到这个目的，可采取以下具体措施。

1）在某一个标准的一个部分中规定适用于一组产品的通用要求。

2）在产品标准的某一个部分中规定适用于一组产品、两个或两个以上类型的产品的试验方法。

3）涉及这些产品的每一个部分或标准都应该引用通用要求部分或试验方法部分，可以作出必要的修改。

需要注意的是，如果在编制产品标准时，有必要对某种试验方法进行标准化，并且多个标准都需要引用该试验方法，则需要为该方法编制一个单独的试验方法标准。另外，如果在编制产品标准时，有必要对某种试验设备标准化，并且测试其他产品也可能使用该设备，需要与涉及该试验设备的技术委员会协商，以便为该设备编制一个单独的标准，以避免重复。

示例：

假设我们需要制定一个标准，规定不同品牌的电脑在电池续航时间方面的要求。如果我们分别为每个品牌的电脑制定一个标准，那么就会有很多冗余和重复的内容。相反，我们可以将电池续航时间的通用要求规定在一个通用的标准中,并在每个品牌的电脑标准中引用该通用标准。这样可以减少冗余和重复,并提高标准的可读性和可维护性。

2. 数值的选择

(1) 极限值

根据产品特性的用途,可以规定该特性的极限值,包括最大值和/或最小值。通常情况下,每个特性只规定一个极限值,但如果有多个广泛使用的类型或等级,则需要规定多个极限值。

示例:

如果某个产品特性是电压,那么根据产品的设计和用途,可能需要规定该特性的最大值和最小值。比如,如果该产品是用于家庭电路中的电器,那么该特性的最大值可能是220伏特,最小值可能是110伏特。另外,如果该产品还有其他类型或等级,如高端型和低端型,那么针对不同型号的产品,可能需要分别规定不同的极限值,以确保不同型号的产品满足各自的特定需求。

(2) 可选值

1) 根据产品特性的用途,特别是品种控制和某些接口的用途,可以选择多个数值或数系作为可选值。在适用时,这些数值或数系应按照 GB/T 321(进一步的指南参见 GB/T 19763 和 GB/T 19764)给出的优先数系,或者按照模数制或其他决定性因素进行选择。

如果试图对一个拟定的数系进行标准化,应检查是否有现成的被广泛接受的数系,以确保规定的数值或数系在实际应用中是可行的和实用的。

需要注意的是,采用优先数系时,可能会出现非整数的情况,如数值 3.15。在这种情况下,可能会带来不便或要求不必要的高精确值。为了避免由于同一标准中同时包括了精确值和修约值而导致不同使用者选择不同的值,应该对非整数进行修约(参见 GB/T 19764)。

因此,在制定产品标准时,需要根据产品特性的用途和实际应用情况,选择合适的数值或数系作为可选值。同时,需要遵循标准化的规范和优先数系，以确保规定的可选值在实际使用中具有可行性和实用性。

示例：

在制定某种电子产品的规范时，可以规定该产品的工作电压的可选值。假设该产品的工作电压范围为10伏特到30伏特之间，可以根据产品的用途和实际应用情况，选择多个数值或数系作为可选值。在这种情况下，可以选择10、12、15、18、20、24、30等数值作为可选值。

如果按照GB/T 321中的优先数系来选择可选值，可以选取1、1.5、2、2.5、3、4、5、6、8、10、12、15、20、30等数系。在这种情况下，可以选择15、20、24等数系作为可选值，而非选择非整数的数值，以避免给使用者带来不便或混淆。

因此，在制定电子产品的规范时，可以根据产品的特性和用途选择合适的数值或数系作为可选值，同时需要遵循标准化的规范和优先数系，以确保规定的可选值在实际使用中具有可行性和实用性。

2）根据产品的分类，可以针对某些特性提出不同的特性值。在这种情况下，应明确指出产品分类和特性值之间的对应关系。

示例：

假设某个产品有不同的型号或等级，如高端型、中端型和低端型，对于某些特性，如尺寸、重量、功率等，可能会有不同的规格要求。在这种情况下，可以将这些特性的不同规格要求与不同的产品分类进行对应。例如，对于产品的尺寸，高端型的尺寸要求为10cm×10cm×10cm，中端型的尺寸要求为8cm×8cm×8cm，低端型的尺寸要求为6cm×6cm×6cm。这样，在制定产品标准时，需要清楚地指明不同的产品分类和特性值之间的对应关系。

因此，在制定产品标准时，针对不同的产品分类和特性值，需要明确规定它们之间的对应关系，以确保产品规范的准确性和可操作性。

3）由供方确定的数值

如果允许产品的多样化，就不必对产品的某些特性规定特定的数值。在这种情况下，标准中可以列出全部由供方自行选择的特性，其数值由供方自已确定，标准可以规定以何种形式（如铭牌、标签、随行文件等）表明这些特性值。例如，对于某些纺织品，标准不必具体规定羊毛含量的特性值，只需要要求供方在标签上注明即可。

对于大多数复杂产品，只要规定了相应的测试方法，就可以由供方提供一份性能数据（产品信息）清单，这比标准中给出具体性能要求更好。这样可以让供方在产品设计方面有更多的灵活性，同时也能满足市场上的多样化需求。

然而，对于健康和安全要求，标准应该规定其特性值，不允许采用由供方确定的特性值。这是因为健康和安全是产品质量的核心要素，必须在标准中明确规定其特性值，以确保产品的质量和安全性。

因此，在制定产品标准时，应该根据产品的特性和用途，确定需要规定特性值的范围，同时要允许供方有一定的灵活性，提供性能数据清单。但是，在健康和安全要求方面，必须在标准中规定其特性值，不允许采用由供方自行确定的特性值。

示例：

对于一款电动汽车，其特性包括电池容量、续航里程、最高速度等。在产品标准中，可以规定这些特性的具体数值范围，以确保产品的性能和质量。例如，标准规定该电动汽车的电池容量应在 50~80kWh，续航里程应在 400~600km，最高速度应在 120~150km/h。

然而，电动汽车市场上存在多种车型和配置，不同用户对于电动汽车的特性需求也各不相同。在这种情况下，标准可以不规定具体的特性数值，而是要求供方提供相应的性能数据清单。例如，供方可以提供不同电池容量、续航里程、最高速度的不同车型配置，让用户根据自己的需求进行选择。

另外，在标准制定过程中，也需要考虑到健康和安全等方面的要求。例如，标准应该规定电动汽车的安全性能和电池的环保性能等指标，以确保产品的质量和安全性。

3. 十个要素项的写作

（1）引言

在标准中，引言部分通常用于对标准的背景、目的、适用范围等进行说明。在这一部分，也可以解释标准和某些要求的目的，以便用户更好地理解标准的要求。通过在引言中解释标准和要求的目的，可以帮助用户更好地理解标准的目的和意义，从而更好地应用标准，并促进标准化的实施和推广。

示例：

引言

（a）本标准的目的是规定××××产品的技术要求，以确保其安全可靠、易于维护和使用，并且能够满足用户的需要。该标准旨在促进该产品的生产和交付，同时提高用户对该产品的信任度。

（b）本标准的目的是确保××××产品符合安全、可靠、易于维护和使用的标准，并满足用户的需求。引言中的说明可以帮助用户理解标准的目的和重要性，并在实践中正确使用该标准。

（2）标准名称

1）如果产品标准中包含了分类、标记和编码、技术要求、取样、试验方法、检验规则、标志、标签和随行文件等全部技术要素，那么可以用产品名称作为标准名称。

示例：

（a）瓜子

（b）混凝土搅拌机

（c）便携式血压计

（d）智能手机

（e）轮胎

2）当产品标准中只包含"技术要求"和"试验方法"，或者同时还包括了分类、标记和编码、取样、检验规则、标志、标签和随行文件中的部分技术要素时，可以在标准名称中使用"技术规范"或"规范"作为补充要素。

示例：

（a）火车制动系统技术规范

（b）硬质合金刀片技术要求和试验方法规范

（c）太阳能光伏组件技术规范

3）对于同类产品共同使用的技术规范，可以在标准名称中添加"通用技术规范"或"总规范"作为补充要素。例如，对于地面雷达的技术规范，可以将标准名称命名为"地面雷达通用技术规范"，对于船舶电器的技术规范，可以将标准名称命名为"船舶电器总规范"。这样可以清晰地表明该标准是针对同类产品的通用规范，方便使用者理解。

示例：

（a）铸造模具通用技术规范

（b）汽车制动系统总规范

（c）建筑装饰涂料通用技术规范

（3）范围

标准的范围应该明确所涉及的具体产品，并按照标记和编码、技术要求、取样、试验方法、检验规则、标志、标签和随行文件、包装、运输和储存的顺序指出所涉及的具体内容。同时，如果需要，标准的目的应该明确技术要求所涉及的方面。此外，范围还应该指出标准的预期用途和适用界限，或标准的使用对象。

示例：

标准名称：船用消防设备标准

1 范围

本标准规定了船用消防设备的技术要求、试验方法、检验规则、标志、标签和随行文件、包装、运输和储存等具体内容。适用于商船和渔船等各类船舶的消防设备。同时，本标准还指出了消防设备的预期用途和适用界限，以及使用对象为船用消防设备的设计、制造、采购、安装、调试、使用、维护和管理的各方。

(4) 分类、标记和编码

1) 在产品标准中，分类、标记和编码是可选的要素，可以为符合规定要求的产品建立一个分类（分级）、标记和（或）编码体系，用于标识和识别产品。标准化项目的标记应符合 GB/T1.1 中的相关规定。可以根据分出的类别的识别特点，使用"分类""分类和命名""分类和编码""分类和标记"作为该要素的标题。这些要素可以帮助消费者更好地了解产品，选择符合自己需求的产品，并且方便生产和贸易。

示例：

(a) 分类

(b) 分类和命名

(c) 分类和编码

(d) 分类和标记

2) 分类、标记和编码要素可以根据具体情况被整合到技术要求中，或者作为标准的一个部分，也可以独立制定为一个标准文件。这取决于标准制定的需要和实际情况。如果需要对产品进行分类、标记和编码的规范，可以在技术要求中说明或者单独编制标准文件。

示例：

(a) 标记和编码要素可以并入汽车零部件技术要求标准，用于规定汽车零部件的标记和编码方式。

(b) 分类要素可以作为制药设备总规范的一个部分，用于将不同类型的制药设备进行分类，以便进行统一的技术要求规定。

(c) 标记和编码要素可以作为石油化工产品包装技术规范的一个单独的标准，用于规定不同类型的石油化工产品的包装标记和编码方式。

3) "产品分类"的基本要求包括以下几点

a. 划分出的类别应该满足使用需要，也就是说要根据产品的实际用途和特性进行分类。

b. 在进行分类的时候，应该尽可能采用系列化的方法，将不同类别的产品划分为一个系列，以便对其进行统一管理和控制。

c. 对于系列产品，需要合理确定系列范围和疏密程度，尽可能采用优先数和优先数系或模数制，以避免重复和混淆，同时也方便进行编号和管理。

总之，产品分类是为了更好地管理和控制不同类别的产品，因此在分类时需要考虑产品的实际使用需要，并采用科学合理的方法进行分类。

4）产品分类的内容包括分类原则和方法、划分的类别以及类别的识别。针对不同的产品特性，如来源、结构、性能或用途等，可进行分类。分类的类别可包括产品品种、型号和规格等，并且应尽可能采用系列化的方法进行分类。最后，产品分类可用文字名称、数字字母编码或符号标记等进行识别。

示例：

假设我们要制定一项标准，涉及手机的分类、标记和编码。我们可以根据手机的不同特性（如操作系统、屏幕尺寸、电池容量等），按照系列化的方法进行分类，然后确定每个系列的优先数或模数制。

比如，我们可以将手机按照操作系统分为 IOS、Android、Windows 等系列，每个系列再按照屏幕尺寸划分为不同的规格，比如 IOS 系列下有屏幕尺寸为 4.7 英寸、5.5 英寸和 6.1 英寸的手机。然后，我们可以给每个系列和规格分配一个编码，比如 IOS 系列下的手机编码为 A，Android 系列下的手机编码为 B，屏幕尺寸为 4.7 英寸的手机编码为 01，5.5 英寸的手机编码为 02，6.1 英寸的手机编码为 03，那么一个 IOS XS Max 就可以被编码为 A02。

通过这样的分类、标记和编码体系，我们就可以更好地对手机进行管理和交流，避免因命名不统一而产生的混淆和误解。

(5) 技术要求

1）一般要求

技术要求包括产品的所有特性，可量化特性所要求的极限值，以及针对每项要求引用测定或验证特性值的试验方法，或者直接规定试验方法。然而，该要素中不应包括合同要求（有关索赔、担保、费用结算等）和法律或法规的要求。

在一些产品标准中，可能需要规定产品应附带的针对安装者或使用者的警示事项或说明，并规定其性质。但是，由于安装或使用要求并不用于产品本身，因此应规定在一个单独的部分或一个单独的标准中。

最后，如果标准只列出了产品特性，而特性值要求由供方或需方明确而标准本身并不予以规定时，在标准中应规定如何测量和如何表述这些数值，例如，在标志、标签或包装上。

示例：

假设有一个标准规定了智能手机的技术要求，以下是该标准可能包含的内容。

（a）直接或以引用方式规定的产品的所有特性，如手机的屏幕大小、分辨率、处理器类型、内存容量、相机像素等。

（b）可量化特性所要求的极限值，如屏幕分辨率的最小要求为1080p、处理器频率的最小要求为2GHz、相机像素的最小要求为1200万像素等。

（c）针对每项要求，引用测定或验证特性值的试验方法，或者直接规定试验方法，如屏幕分辨率的测量方法、处理器频率的测试方法、相机像素的验证方法等。

除技术要求外，该标准可能还会规定智能手机需要附带以下针对用户的警示事项或说明，例如：

（a）在使用手机时，应避免过度使用眼睛，建议每隔一段时间休息一下眼睛，或者开启阅读模式；

（b）在充电时，应使用原装充电器，不要使用低质量或假冒的充电器；

（c）在开启手机热点时，应注意不要将手机放在易燃物品旁边；

（d）当手机出现过热或电池电量不足时，应停止使用手机并充电等。

这些警示事项或说明通常都需要规定其性质，例如，是否需要在手机屏幕上显示、在手机包装中附带、在手机说明书中列出等。

最后，如果标准只列出了特性，而没有规定特性值的要求，则标准可能需要明确如何测量和表述这些数值，例如，在标志、标签或包装上规定如何表述手机电池容量等。

2）适用性要求

a. 可用性

产品的可用性是指产品在设计、制造、运输、使用及维护等各个阶段，能够达成用户预期目标的能力。为了确保产品的可用性，需要根据产品的具体情况规定技术要求。其中，针对不同类别的产品可考虑以下内容。

（a）使用性能。指产品在使用过程中所需的性能要求，可直接反映产品使用性能的指标或者间接反映使用性能的可靠代用指标，如生产能力、功率、效率、速度、耐磨性、噪声、灵敏度、可靠性等要求。

（b）理化性能。当产品的理化性能对其使用十分重要，或者产品的要求需要用理化性能加以保证时，应规定产品的物理（如力学、声学、热学）、化学和电磁性能，如产品的密度、强度、硬度、塑性、黏度；化学成分、纯度、杂质含量极限；电容、电阻、电感、磁感等。

（c）环境适应性。根据产品在运输、储存和使用中可能遇到的实际环境条件规定相应的指标，如产品对温度、湿度、气压、烟雾、盐雾、工业腐蚀、冲击、振动、辐射等适应的程度，产品对气候、酸碱度等影响的反应，以及产品抗风、抗磁、抗老化、抗腐蚀的性能等。

（d）人类工效学。指产品在设计和使用中对人类的适应性，包括产品的人机界面要求、产品满足视觉、听觉、味觉、嗅觉、触觉等外观或感官方面的要求，如对表面缺陷、颜色的规定，对易读性、易操作性的规定等。为了确保产品的可用性，需要根据不同的产品特点和要求进行详细规定，并通过科学的测试方法和标准来验证。

示例：

例1.

智能手表的使用性能、理化性能和人类工效学

智能手表是一种智能穿戴设备，用于跟踪健康指标、接收消息和电话、

控制音乐播放等功能。在规定智能手表的技术要求时，需要考虑以下方面。

（a）使用性能。指标包括电池寿命、充电时间、运行速度、内存容量等。例如，规定智能手表应具有至少两天的电池续航能力，30分钟内可充电至少50%的电量，可在3秒内启动应用程序等。

（b）理化性能。智能手表需要具有较小的体积和重量，以便佩戴和携带。需要规定密度、强度、硬度、塑性、黏度等理化性能指标。例如，规定智能手表的重量不得超过50克，表壳应具有抗刮、防汗、防水等特性。

（c）人类工效学。智能手表需要满足人类工效学方面的要求，以保证使用者舒适和易用性。例如，规定智能手表的屏幕大小、亮度、对比度等应符合人眼视觉需求，按钮和触摸屏的位置应符合人体工程学原理，表带材质应舒适、耐用等。

例2.

工业机器人的使用性能、环境适应性和可靠性

工业机器人是一种用于执行复杂和重复性任务的机器设备，常用于制造和组装等生产过程中。在规定工业机器人的技术要求时，需要考虑以下方面。

（a）使用性能。工业机器人需要满足高速运动、准确度、稳定性等指标。例如，规定机器人的重复定位精度不得高于0.01mm，最大速度达到每秒10m。

（b）环境适应性。工业机器人需要能够适应多种复杂环境，如温度、湿度、振动等。需要规定机器人的抗冲击、防尘、抗腐蚀等性能。例如，规定机器人能够在-20~60℃的温度范围内正常工作，能够适应高湿度和高腐蚀环境。

（c）可靠性。机器人在生产线上的应用需要能够在高强度和高频率的使用下保持稳定和可靠，因此在规定产品的可靠性时，需要考虑到机器人的故障率、失效率等指标。例如，规定机器人在持续工作24小时内最多能够出现多少次故障，以及在使用寿命内的平均失效时间等指标。这些指标的规定可以根据机器人的使用环境、设计特点、运行状态等进行综合考虑。

（d）人类工效学。以智能手表为例，智能手表需要满足人类工效学方面的要求，以提高用户的使用体验。具体要求包括手表的屏幕显示清晰度和亮度需要适合不同的使用环境；手表的尺寸和重量需要符合人体工程学的原则，以保证佩戴的舒适度；手表的操作界面需要简单易用，便于用户进行操作；手表的功能需要满足用户的实际需求，如监测心率、计步、提醒等。这些要求可以通过对用户群体的调研和用户反馈进行分析来确定。

b. 健康、安全，环境或资源的合理利用

如果一个产品标准的编制目的是保障人们的健康、安全，保护环境或促进资源的合理利用，那么这个标准应当包含具体的规定。这些规定可能包括限制产品中有害成分的要求、对产品噪声、平衡等运转特性的要求、防爆、防火、防电击、防辐射、防机械损伤的要求、要求产品中的有害物质和废弃物排放对环境的影响最小化，以及对产品直接消耗能源的指标要求等。这些规定可能需要包括特定的极限值或者严格的尺寸要求，并且可能需要包括一些结构细节的要求。在规定这些极限值时，应尽量降低风险因素。

为了便于引用，这些要求宜编制成标准中单独的章节，或者单独的标准，甚至单独的部分。起草这些规定的指南可以参考 GB/T 20000.4—2003 和 GB/T 20002.3。

需要注意的是，如果标准只涉及健康、安全、环境保护或资源合理利用中的一种或多种要求，则属于强制性标准。如果这些要求规定在强制性标准或技术法规中，相应的试验方法需要编制成单独的推荐性标准，而强制性标准或技术法规通常要引用这些试验标准。

示例：

电池的标准。健康、安全，环境或资源合理利用都是编制电池标准的目的。因此，该标准应包括以下要求。

（a）对电池中有害成分的限制要求，如汞、铅、镉等重金属的含量应低于一定的限制值。

（b）对电池运转部分的噪声限制，如电池电解液的摇晃声音应低于一定的分贝数。

（c）防爆、防火、防电击、防辐射、防机械损伤的要求，如电池外壳应能承受一定的机械冲击和挤压力，以避免爆炸或泄漏。

（d）对电池中的有害物质以及使用中产生的废弃物排放对环境影响的要求，如电池中的废液、废旧电池等应在环保要求下处理。

（e）对电池的耗能指标的规定，如电池的容量、电压、电流等参数应符合标准要求。

这些要求应该包括极限值或严格尺寸的要求，以确保电池的安全性和环保性。在规定极限值水平时，应尽可能降低风险因素，例如，通过使用更环保和更安全的材料，采用更先进的生产工艺等。

电池标准可能需要编制成标准中单独的章节或标准的单独部分。如果标准只涉及电池的健康、安全、环境保护或资源合理利用中的一种或多种要求，则应制定为强制性标准。如果这些要求规定在强制性标准或技术法规中，相应的试验方法需要编制成单独的推荐性标准，而强制性标准或技术法规通常要引用这些试验标准。

c. 接口、互换性、兼容性或相互配合

编制产品标准时需要考虑接口、互换性、兼容性或相互配合等方面的要求。如果标准的目的是保证互换性，需要考虑产品的尺寸互换性和功能互换性。同时，由于贸易、经济或安全等原因，互换件的可获得性也是很重要的。因此，在满足尺寸互换时，应规定其公差，以确保互换件可以互换使用。

示例：

假设我们要制定一种标准，用于规范行李箱的尺寸和结构设计，以确保它们能够在不同的交通运输场景中互相配合和互换使用。

在制定这种标准时，我们需要考虑以下方面。

（a）尺寸互换性。规定行李箱的长度、宽度和高度的公差范围，以确保不同品牌和型号的行李箱能够相互配合和互换使用。

（b）结构互换性。规定行李箱的结构设计要求，包括手提、滚轮、拉杆等部分的形状和尺寸，以确保它们能够互换使用。

（c）功能互换性。规定行李箱的功能设计要求，包括是否具有防水、防震、密封等功能，以确保在不同的交通运输场景中都能够使用。

（d）材质和重量要求。规定行李箱的材质和重量要求，以确保其符合国际运输的安全标准和限制条件。

（e）测试方法。为了保证标准的实施效果，需要制定相应的测试方法，对行李箱的尺寸、结构、功能、材质和重量进行检测和评估。

通过制定这种标准，不仅可以提高行李箱的互换性和兼容性，还可以减少旅客的负担和提高交通运输效率。

d. 品种控制

品种控制是制定标准的一个重要目的，特别是针对广泛使用的材料、物资、机械零部件、电子元器件或电线电缆等方面。品种包括尺寸和其他特性，对于这些方面的标准化，需要提供可选择的值并规定公差。在标准化过程中，品种控制的重要性是不可忽视的，因为通过对品种的控制，可以确保在生产和使用过程中，产品的质量和性能稳定，也可以提高产品的互换性和可靠性。

示例：

一个例子是，对于建筑行业中常用的水泥，为了保证品种控制，可以编制一项标准，规定不同种类的水泥所包含的主要成分、性质、物理特性、化学特性、强度等参数，同时还规定了其可选择的尺寸和其他特性，例如，不同等级的水泥的公差等。这样可以保证各个生产厂家都按照统一的标准生产，从而达到品种控制的目的。

3）其他要求

a. 结构

当需要对产品的结构进行要求时，应该在编制标准时对其结构进行规定。在规定产品的结构尺寸时，应该提供结构尺寸图，并在图上注明相应尺寸，如长、宽、高三个方向的尺寸或者相应的尺寸代号等。这有助于产品的设计和制造，确保产品的结构满足标准的要求。

示例：

比如一个家具制造公司想要制定一份家具的标准。在这个标准中，需要对家具的结构进行规定，例如，家具的高度、宽度、深度等尺寸。为了方便使用和遵守，这些尺寸需要在结构尺寸图上进行标注，并注明相应的尺寸代号等。这样可以确保家具制造公司可以按照标准生产家具，而消费者也可以按照标准购买家具，并保证家具的结构符合要求。

b. 材料

产品标准中通常不包括材料要求，但有时需要指定产品所使用的材料以保证产品性能和安全。如果有现行标准，应引用有关标准；如果没有现行标准，可以在附录中对材料性能做出具体规定。对于原材料，如果无法确定必要的性能特性，则最好直接指定原材料，并在文本中补充注释，例如，"或其他已经证明同样适用的原材料"。

示例：

假设某公司生产一种新型汽车轮胎，需要在产品标准中对材料做出规定。由于轮胎的性能和安全性非常重要，因此需要规定使用的材料符合特定的性能要求。

查阅现行的相关标准，如果存在与轮胎材料有关的标准，应该引用这些标准并按照标准规定执行。例如，可以引用汽车行业标准中有关轮胎材料的规定。

如果没有现行的相关标准，那么可以在附录中对轮胎材料的性能做出具体规定。例如，可以规定轮胎的橡胶材料应该具有特定的强度、硬度、耐磨性和耐温性等性能要求，并且应该符合某些特定的测试标准。

对于原材料，如果无法确定必要的性能特性，最好直接指定使用的原材料，并在规定中说明原材料的来源和品质要求，或者在规定中补充说明"或其他已经证明同样适用的原材料"。例如，在规定中可以指定使用某种特定的橡胶材料，或者使用"其他经过测试证明同样适用的橡胶材料"。

c. 工艺

产品标准通常不包括生产工艺要求，而是通过成品试验来测试产品是否符合要求。但是，在某些情况下，为了保证产品的性能和安全，必须要规定生产工艺的要求，比如压力容器的焊接等。在这种情况下，可以在产品标准的"要求"部分中规定生产工艺的要求，如规定使用何种加工方法、表面处理方法、热处理方法等。

示例：

以汽车制造为例，生产工艺对于汽车的质量和安全至关重要。在制定汽车标准时，会考虑到诸如车体的焊接、表面处理、热处理、装配等工艺的要求。例如，在汽车钢板的标准中，通常规定钢板的厚度、机械性能等指标，并且还会规定钢板的加工工艺，例如，冷轧、热轧、淬火、退火等工艺条件。这些工艺条件的限定可以确保汽车钢板的质量和性能，进而保证整车的质量和安全。

4）要求的表述

a. 在某些情况下，产品需要满足特定的适用性要求，这些要求可以使用描述产品类型（如深水型）、等级（如宇航级）或特定的描述术语（如"防震"）来表达，以便在产品上做出标记或标志（如手表外壳上的"防震"字样）。但是，在使用这些术语或标志之前，必须能够使用标准试验方法证明相应的要求得到了满足。简言之，这些术语或标志只有在经过标准试验方法验证后才能使用，以确保产品的适用性要求得到满足。

示例：

假设有一款手表，可以在水下使用，但是使用深度有限制。为了让消费者明确这一点，可以在手表外壳上标注"水下使用深度：30米"。这里"30米"就是一个描述术语，可以帮助消费者了解产品的适用范围。同时，这个描述术语也需要符合一定的标准，比如该手表需要通过相关标准的试验方法，证明能在30米的深度下正常工作。这样才可以在手表上标注这个描述术语，以保证消费者的安全和产品的质量。

b. 要求性条款可以用文字表述，其典型句式有两种。第一种是对产品某一特性的要求，通常用"特性""证实方法""特性的量值"三个要素来表述。例如，"硬度按照洛氏硬度计测定，应符合50～60的范围"。第二种是对生产过程中某一步骤的要求，通常用"谁""应""怎么做"三个要素来表述。例如，"操作人员应在戴手套的情况下，使用合适的工具进行装配"。

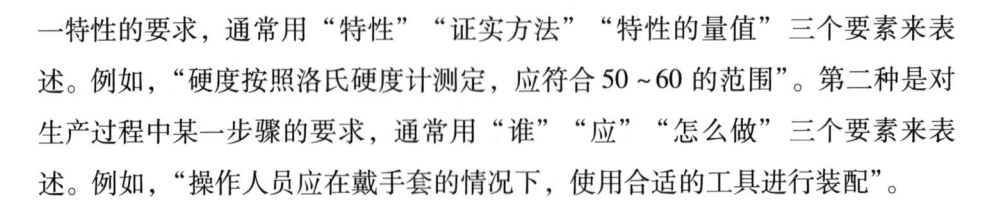

示例：

对结果提要求。每个产品的尺寸和重量应按照计划书中的数值测量，并应符合公差的要求。

对过程提要求。检验员应在产品完成后对其进行检验，以确保其符合所有要求。

c. 标准中使用表格表述要求性条款时，表头的典型形式和内容。表头通常包括编号、特性、特性值和试验方法等栏目，其中试验方法栏一般会提供标准中规定的试验方法的章条编号，或者引用的标准编号及章条号。同时，该表格应该在正文中使用要求性条款来提及。

示例：

以下是一个可能出现在产品标准中的表格示例，用于规定一种特定材料的性能要求：

编号	特性	特性值	试验方法
1	强度	不小于400MPa	GB/T×××
2	抗拉伸强度	不小于450MPa	GB/T×××
3	断裂伸长率	不小于10%	GB/T×××
4	冲击韧性	不小于25J	GB/T×××
5	焊接性能	符合GB/T 3091—2015标准要求	GB/T×××
6	耐蚀性	不小于48小时	GB/T×××

以上表格中，编号用于唯一标识每一项特性要求；特性栏描述了所规定的特性；特性值栏规定了每一项特性的最低要求；试验方法栏说明了如何进行相应特性的测试，可能是引用该标准中规定试验方法的章条编号，或者给出引用的标准编号及章条号。

(6) 取样

取样是制定产品标准中的一个可选要素,其目的是在产品试验前能够获得代表性的样品。取样要素规定了如何对样品进行选择、收集和保存。在产品标准中,取样一般位于要素试验方法之前,是为了保证试验的有效性和可靠性。例如,对于一种新型材料,制定标准时需要考虑如何对该材料进行取样,以保证样品的代表性,从而确保试验结果的准确性和可靠性。

示例:

假设有一个产品标准是关于钢材的,其中包括了取样要素。那么,这个标准中可能会规定以下内容。

(a) 取样的条件和方法。规定取样的地点、数量和时间等条件,以及采用什么方法取样,如手工取样、机器取样等。同时可能还会规定采用何种工具和设备进行取样,如取样器、钳子等,并明确取样的顺序和方式。

(b) 样品保存方法。规定取得样品后如何保存,以保证样品的完整性和准确性。例如,可能规定样品需要存放在密闭的容器中,避免受到外界污染和氧化。同时可能规定样品的保存期限,如何定期检查样品的状态,并记录样品信息,如取样日期、取样地点、样品编号等。

(c) 取样的目的。规定取样的目的是检测钢材的化学成分、物理性能等指标是否符合标准要求,并明确取样结果的处理方法。例如,可能规定需要对取得的样品进行实验分析,计算出样品的各项指标,并比对标准规定的指标范围,以确定样品是否符合标准要求。同时可能规定如何处理不合格的样品,如重新取样、复检等。

总之,取样要素在产品标准中的作用是保证产品的质量和性能,对于需要对产品进行化学成分和物理性能等方面检测的产品来说,取样要素是非常重要的。

(7) 试验方法

1) 一般要求

a. 试验方法要素是产品标准中的可选要素,它规定了产品在进行试验时所需遵循的方法和条件。试验方法的编写目的是确定产品是否符合技术要求中规定的要求。因此，试验方法应该与技术要求有明确的对应关系。

在产品标准中，试验方法可以单独的章节形式存在，也可以融入技术要求中。此外，它还可以作为标准的规范性附录，或形成标准的独立部分。

虽然技术要求、取样和试验方法是不同的要素，但它们在产品标准中是相互关联的，因此应该作为一个整体进行考虑。

示例：

以一款手机的标准为例子来说明。

假设我们要编写一份手机的标准，其中涉及技术要求、取样、试验方法三个要素。

首先，我们需要在技术要求部分列出该手机产品应该具备的性能和特性，如屏幕分辨率、电池容量、摄像头像素等。这些要求应该是具体、明确的，并且能够量化或使用标准试验方法来验证。

其次，我们需要考虑取样的条件和方法，例如，从生产线随机取样或按照特定的抽样方法取样，并规定样品应该如何保存以确保能够在未来进行测试。

最后，我们需要确定试验方法，以便验证该手机是否满足技术要求。试验方法应该与技术要求有明确的对应关系，例如，我们需要为每个技术要求编写相应的测试流程，并规定使用哪些测试设备和测试参数。试验方法可以作为单独的章节、规范性附录或形成标准的单独部分。

需要注意的是，虽然技术要求、取样和试验方法是不同的要素，但它们是相互关联的。例如，我们需要在确定技术要求时就要考虑到它们是否可以使用标准试验方法进行测试，以确保试验方法能够正确地验证技术要求。因此，在编写标准时，需要对这些要素进行统筹考虑。

b. 由于一种试验方法可能适用于多种产品或几类产品，试验方法容易出现重复现象。首先，在编制产品标准时，如果需要对试验方法进行标准化，应该首先引用现成适用的试验方法。

其次，在规定试验方法时，应考虑采用通用的试验方法标准和其他标准中类似特性的相应试验方法。如果可能，应该采用无损试验方法代替置信度相同的破坏性试验方法。

最后，应该注意不能将正在使用的试验方法以不同于普遍接受的通用方法作为理由，而拒绝在标准中规定普遍接受的通用方法。

示例：

假设有一种标准需要对产品进行耐久性试验，以确保产品在长期使用过程中能够保持其性能和质量。这种试验方法可能需要在不同的产品中进行多次重复，因为同一种试验方法通常适用于多种产品或几类产品。因此，在编制产品标准时，应该优先考虑引用现有的试验方法，例如，ISO、ASTM等国际标准组织发布的标准试验方法，以减少试验方法的重复，提高试验方法的一致性和可比性。

在规定试验方法时，还应该考虑采用通用的试验方法标准和其他标准中类似特性的相应试验方法，以确保试验方法具有普适性和适用性。例如，如果有一个试验方法适用于材料的拉伸强度测试，而另一个标准需要测试产品的弯曲强度，可以考虑采用类似的试验方法或将其改编以适应产品的弯曲特性。

另外，如果可能，应该采用无损试验方法代替同样具有可靠性的破坏性试验方法。例如，超声波检测方法可用于检测材料内部的缺陷和裂纹，而不需要破坏材料本身。

最后，应该避免使用与通用方法不同的试验方法作为理由，拒绝在标准中规定通用方法。因为这可能导致试验方法的分散和不一致，降低试验结果的可比性和可靠性，影响产品的质量和安全性能。

c. 产品标准中规定的试验方法并不一定要在每个产品上都进行试验，而是在有特定要求或被引用时才需要进行。同时，如果标准中规定了采用统计方法对产品进行合格评定，那么符合标准的陈述是指整体或成批产品的合格；如果标准要求每件产品都需要按照标准进行试验，那么符合标准的陈述意味着每件产品都进行了试验并且满足相应的要求。

具体来说，如果某个产品标准规定了使用某种试验方法进行检测，但没有特别的要求，那么这种试验可能只在需要的情况下进行，例如，在产品质量出现问题时进行调查或在市场监管中进行抽样检测。如果标准规定了采用统计方法进行合格评定，那么只有整体或成批的产品符合标准要求才能被认定为合格；而如果标准规定了每件产品都需要进行试验，那么每个产品都需要进行试验并且满足相应的标准要求，才能被认定为合格。

示例：

假设有一种家用电器产品标准，其中规定了一种测试方法来评估其电气安全性能。该标准规定，产品必须在通过特定的测试条件下才能被认为符合标准。这个测试方法包括对设备内部部件进行电气测试的步骤，以确保它们能够正常工作，同时也要确保在特定的情况下不会出现电气故障，如漏电、短路等。

该标准进一步规定，产品的合格评定采用统计方法。这意味着，整体的或成批的产品需要符合标准中规定的要求，而不是每个单独的产品都必须进行测试并满足标准的要求。

然而，如果标准中规定了每个单独的产品都必须按照标准进行测试，那么产品符合标准的陈述就意味着每个单独的产品都已经通过了测试并且满足了相应的要求。在这种情况下，如果产品未经过测试或不符合标准的要求，则不能宣称其符合标准。

2) 试验方法的内容

a. 产品标准中的试验方法的内容要求，具体包括以下几点：试验方法应当包括验证产品是否符合规定的方法以及保证结果再现性的步骤。如果各项试验之间的次序能够影响试验结果，标准应规定试验的先后次序。通常情况下，产品标准中的试验方法应当包括试样的制备和保存、试验步骤和结果的表述（包括计算方法以及试验方法的准确度或测量不确定度）。此外，也可以根据需要增加其他内容，如原理、试剂或材料、仪器、试验报告等。如果是化学分析方法的编写，则需要遵循 GB/T 20001.4 的规定。最后，该标准的大部分内容同样适用于非化学品的产品试验方法。

示例：

以水龙头为例，产品标准可以规定水龙头的试验方法，例如：

试样制备和保存。对水龙头进行清洗，并按照标准要求将试样制备好。试样保存在规定的条件下，如温度、湿度等。

试验步骤和结果表述。按照标准规定的方法进行水龙头的试验，如扭矩试验、泄漏试验等。试验结果应包括数值和判定结果，如试验是否合格。

计算方法及准确度或测量不确定度。对试验结果进行计算，如计算扭矩值、泄漏量等。同时还应注明试验方法的准确度或测量不确定度。

其他内容。如原理、试剂或材料、仪器、试验报告等，也可根据需要增加。

这样，通过在产品标准中规定试验方法，就可以验证水龙头是否符合规定的要求，同时保证试验结果的再现性。同时，标准可以规定试验的先后次序，以避免试验顺序对试验结果产生影响。

b. 如果产品标准中的试验方法使用到了危险的物品、仪器或过程，就应该在标准中包含总体的警示用语和具体的警示用语，以确保使用这些试验方法的人员安全。同时，该条文建议参考 GB/T 20000.4—2003 中的警示用语。

具体来说，标准制定者需要根据试验方法的具体情况，对可能产生的危险进行评估，并在标准中包括必要的警示用语。警示用语应该简明扼要，能够准确传递危险信息，引起人们的注意和警惕。例如，如果试验方法需要使用剧毒化学品，就应该在标准中明确指出使用该化学品的危险性，并给出必要的安全措施，如佩戴防护手套、呼吸面罩等。

参考 GB/T 20000.4—2003 中的建议警示用语，可以帮助标准制定者更加准确地描述危险信息，避免在警示语言中存在歧义。这些警示用语的使用可以提高标准的可读性和理解性，进而提高试验方法的安全性和准确性。

示例：

假设某产品标准需要使用化学试剂进行试验，而这些化学试剂有一定的毒性和腐蚀性。那么，在试验方法中就需要包括总的警示用语和适宜的具体警示用语，以确保使用者能够正确地理解和遵守安全操作规程，避免意外事故的发生。比如，在试验方法中可包括以下警示用语。

总的警示用语——在使用化学试剂时，请务必遵守以下安全注意事项。

具体警示用语：

- 请佩戴适当的个人防护装备，如手套、防护眼镜和防护面罩等。
- 使用前，请先阅读并严格遵守试剂的安全说明书。
- 不要将试剂接触皮肤、眼睛、口腔等敏感部位。
- 在使用过程中，请注意通风换气，避免吸入有毒气体。
- 使用后，请妥善处理废弃物，不要随意倾倒到下水道或垃圾桶中。

通过以上警示用语的设置，能够帮助使用者在试验中正确使用化学试剂，保证安全和可靠性。

3）供选择的试验方法

如果一个特性可以使用多种试验方法来验证，标准通常只应该规定其中一种试验方法。如果由于某些原因需要列出多种试验方法，例如，为了解决争议，标准应该指明仲裁方法以便在必要时进行争议解决。

这样可以确保试验方法的一致性和准确性，避免因使用不同的试验方法导致的不确定性和争议。同时，明确的仲裁方法也能够帮助相关方面在必要时进行公正的裁决，保障各方的合法权益。

示例：

假设有一种建筑材料需要测试其耐火性能。在制定标准时，专家小组可能会发现存在多种测试方法可以用于衡量耐火性能，如 ISO 834-1、ASTM E119 等。然而，为了避免混淆和不必要的复杂性，标准应该只规定一种测试方法来衡量这个特定的特性。

如果有特殊情况需要涉及多个试验方法，标准应该明确地指定每种测试方法应该用于哪种情况，并解释为什么需要使用多种测试方法。在这种情况下，标准应该提供一个仲裁方法来解决争端。例如，如果材料可能在不同的厚度下用于不同的建筑结构，标准可以规定在不同厚度下使用不同的测试方法，并提供一个仲裁方法来确定哪种测试方法应该使用，以满足特定的建筑需求。

4）按准确度选择试验方法

a. 试验方法的准确度是指试验结果与真实值之间的偏差程度，它通常由误差和测量不确定度来表示。在制定产品标准时，所选用的试验方法必须具备足够的准确度，以确保能够对需要评定的特性值是否处在规定的公差范围内作出明确的判定。

示例：

假设一种产品的标准规定了其长度应该在 100 ± 2 厘米的范围内，为了评定产品是否符合标准要求，可以采用长度测量的试验方法。在选择试验方法时，应确保该方法能够测量出产品长度，并且具有足够的准确度，以确保能够对产品长度是否处于规定范围内做出明确的判定。如果试验方法的准确度不够高，则可能会导致产品的实际长度与试验结果之间存在偏差，从而影响对产品是否符合标准要求的判断。

b. 制定产品标准时，试验方法必须确保能够准确地验证产品是否符合标准规定的特性值，而且要明确判断产品特性是否落在规定的公差范围内。如果试验方法的准确度需要限定，就必须在试验方法中明确表述准确度的范围。

示例：

对于一款手机的产品标准，其中可能会规定对手机的各项特性进行测试，如电池续航时间、摄像头画质、屏幕亮度等。对于每项测试，都需要规定具体的试验方法，包括样品的制备和保存、试验步骤和结果的表述、计算方法、试验方法的准确度或测量不确定度等内容，以确保测试结果的准确性和可重复性。同时，如果某项测试存在多种适用的试验方法，标准应该规定一种试验方法，以避免产生不必要的混淆和争议。标准也应该规定警示用语，以确保测试过程的安全性。此外,对于每项测试方法,都需要考虑其准确度范围,并在标准中进行相应的说明,以确保测试结果的准确性和可靠性。

(8) 检验规则

1) 检验规则是指为了验证产品是否符合技术要求,所遵循的一些规则、程序或方法等内容。这些规则通常是针对产品的一个或多个特性而设定的。在产品标准中,检验规则是可选的,既可以有也可以没有。如果有检验规则,就需要明确规定测量、检查、验证产品符合技术要求所遵循的规则、程序或方法等内容。这些规则应该被描述得非常清晰,以确保产品测试的准确性和可重复性。

示例:

假设有一种电子产品,其产品标准需要规定检验规则来确保产品符合技术要求。在该标准中,可以规定对于该电子产品的功耗特性,需要进行测量和检查,要求产品的功耗不能超过一定的限制。检验规则可以规定具体的测量方法、检查程序和验证要求等,以确保产品符合功耗方面的技术要求。这样,在产品的生产、销售和使用过程中,可以根据该标准中的检验规则来验证产品是否符合技术要求,确保产品的质量和可靠性。

2) 产品标准制定时,不应当涉及产品合格评定方案和质量管理体系标准的通用要求。产品标准应该规范性引用相关技术要求,以保证产品质量的合格性。

具体来说,产品标准的制定不应依赖于质量管理体系标准,如 GB/T 19001 标准,而应该关注相关的技术要求和合格评定方案的制定。同时,在产品标准中,应该规定具体的检验规则和方法,以确保产品质量的合格性和稳定性。

示例:

假设有一款安全帽的产品标准,标准中应该规定安全帽的外观、重量、抗冲击性等技术要求,而不应该涉及生产厂家的质量管理体系是否符合某个标准。因此,标准中不应该规范性引用质量管理体系标准,如 ISO 9001 或

GB/T 19001。

3）在产品标准中，若需要规定检验规则，必须指出该检验规则适用的范围，同时应明确规定供制造商或供应商（第一方）、用户或订货方（第二方）和合格评定机构（第三方）分别适用的检验类型、检验项目、组批规则、抽样方案以及判定规则等内容。这样做的目的是确保检验过程的公正性、准确性和可靠性，同时使得检验结果可以得到合理的解释和应用。

示例：

假设某产品标准需要规定检验规则，以确保该产品符合技术要求。在制定标准时，需要明确界定不同方的适用范围和具体的检验规则。

例如，对于电子产品标准，供制造商或供应商（第一方）可能需要进行原材料的检验，生产过程中的产品抽样检验以及出厂产品的全面检验。而用户或订货方（第二方）可能需要进行验收检验以确保收到的产品符合标准要求。合格评定机构（第三方）可能需要对产品进行第三方检验以确认产品是否符合标准。

在规定检验规则时，还需要明确检验类型，如抽样检验、全面检验或特定部位的检验等。检验项目也需要具体规定，如外观、尺寸、重量、材料、性能等。同时，需要制定具体的组批规则和抽样方案以及判定规则，以确保检验结果的准确性和可靠性。

（9）标志、标签和随行文件

1）一般要求

a. 产品标准中的标志、标签和随行文件为可选要素，具体可根据需要加入标准中，特别是对于涉及消费品的产品标准。标志、标签和随行文件可以作为补充内容，可以在标准中加以规定或建议。这些内容的目的是帮助消费者更好地理解产品的属性、用途、使用方法、保养方法等信息，从而更好地使用产品，确保产品的质量和安全。

示例：

一个化妆品产品标准中，可以包括标志、标签和随行文件的要求，这些要求可作为产品标准的可选要素。例如，该标准可以规定产品必须有一个标志或标签来说明生产商或品牌、配方或成分、使用说明等信息，并规定标志或标签的位置、大小、颜色和字体等细节要求。同时，该标准还可以规定随行文件的要求，如产品说明书、安全说明书、配方说明书等，以帮助用户了解产品信息和正确使用产品。这些标志、标签和随行文件的规定应根据产品的特点和使用场景进行细致的考虑和制定。

b. 产品标准中的标志、标签和随行文件应该是可选的要素，可以作为相互补充的内容。但是，这些标志、标签和随行文件不应该涉及符合性标志。符合性标志通常使用认证体系的规则进行管理，因此不应该作为产品标准的要素。如果需要涉及符合性标志，则需要遵循相应的认证体系规则（如 GB/T 27023）。

另外，如果产品标准中需要涉及安全标准或者安全内容，可以参考 GB/T 20000.4—2003 给出的相关条款。而涉及标准机构或其发布的文件（即符合性声明）的产品标志，则需要参考 GB/T 27050.1 和 GB/T 27050.2。

示例：

假设一个家具产品标准需要在标准中包含该产品的标志、标签和随行文件。该标准可以规定该家具产品必须携带制造商名称、产品型号、生产日期等信息的标签，并且该标签必须附着在产品的可见位置。此外，标准还可以规定随行文件必须包括产品的组装说明书、使用说明书和保养说明书等内容，并规定这些说明书应该采用何种语言和格式。但该标准不应该涉及符合性标志，如 CE 标志或 ISO 认证标志，这些标志通常由认证机构根据认证规则颁发。

c. 产品标准可以在资料性附录中给出一些示例，来帮助订货方编写其所需的订货资料。这些示例可以是与标志或标签相关的，旨在为订货方提供更具体的指导。这些示例并不是强制性规定，而是作为辅助性的信息提供，以帮助订货方更好地使用产品标准。

示例：

假设一个产品标准规定了一些标志和标签需要使用特定的词汇和图形来表示。在资料性附录中，可以提供一些示例，展示这些标志和标签应该如何使用，以及应该使用哪些词汇和图形。这些示例可以帮助订货方更好地了解产品标准中规定的标志和标签的使用要求，以便在订货资料中正确地指定这些要求。

2）标志和标签的要求

a. 产品标准中含有产品标志内容时，需要规定以下内容。

（a）识别产品的各种标志的内容，这些标志可以包括生产者（名称和地址）、总经销商（商号、商标或识别标志）或产品的标志。例如，生产者或销售商的商标、型式或型号、标记（见 GB/T 1.1 中的相关规定），或不同规格、种类、型式和等级的标志。

（b）这类标志的表示方法，例如，使用金属牌（铭牌）、标签、印记、颜色、线条（在电线上）或条形等方式。

（c）这类标志呈现在产品或包装上的位置。

示例：

假设有一个制造商生产一种新型电器产品，想要制定一个产品标准以确保产品质量和安全性。为此，他们会考虑一些标志来识别产品，如品牌名称、型号、产品编号等。在产品标准中，他们会规定这些标志的内容和适用范围，如生产商的名称和地址、产品型号或规格等。此外，他们还需要规定这些标志的表示方法，例如，使用标签或印记，或者将标志印刻在产品或包装上。最后，他们需要指定标志的位置，以便用户或消费者能够方便地找到它们，例如在产品底部或包装盒上。

因此，在产品标准中，这些要素将被详细规定，以确保标志的一致性和有效性。

b. 在标准中规定标签的使用时，还应包括以下内容。

首先，标准应规定所使用的标签类型，以确保所有的标签都能够传达正确的信息。例如,在电器产品标准中,标签类型可能包括警示标签、能源标签、质量标签等。

其次,标准应规定标签如何固定在产品或其包装上。这可能包括粘贴标签、涂刷标签、绑定标签等方式。确保标签牢固地固定在正确的位置上,以避免标签在产品使用过程中脱落或移位。

最后,标准应规定标签应包含的信息,以确保标签能够有效地传达产品的信息。例如,在食品标准中,标签上应包括营养信息、成分、保质期等内容,以便消费者做出知情决策。

示例:

假设有一个标准针对家用电器产品,并规定需要在产品或其包装上使用标签。该标准应进一步规定以下内容。

(a) 标签的类型。该标准应明确标签的类型,例如,是纸质标签、塑料标签或金属标签等。

(b) 标签的尺寸和形状。该标准应明确标签的尺寸和形状的要求,例如,标签的最大长度和宽度,是否需要特定的形状,例如,圆形或正方形等。

(c) 标签的设计和内容。该标准应规定标签的设计和内容,例如,标签上需要包含哪些信息,例如生产商名称和地址、产品型号、生产日期等。

(d) 标签的固定方式。该标准应规定如何固定标签,例如,应使用什么材料粘贴标签,应将标签固定在什么位置。

(e) 标签的耐久性。该标准应规定标签需要具有多长的耐久性,例如,需要在产品使用寿命期间始终可读。

(f) 标签的易读性。该标准应规定标签需要有多容易读取,例如,标签上的文字需要达到多大的字体大小和清晰度。

通过明确这些要求,该标准可以确保使用标签的产品都能满足标签的基本要求,同时为生产厂家和消费者提供更多的信息和便利。

c. 如果需要在产品上标明生产日期、有效期、搬运规则、安全警示等信息,那么这些相关的要求应该纳入到涉及标志和标签的章节和条款中。也就是说，标准需要规定标志和标签的使用方式和规则，以便确保标志和标签能够传达正确、准确的信息，帮助用户正确地识别和使用产品。

示例：

假设有一种食品产品需要在标签上标明生产日期和有效期。那么，这个标准的涉及标志和标签的章节和条款中应该规定如何在产品标签上标明生产日期和有效期，包括日期的格式、位置、大小、颜色等要求。同时，这个章节和条款还应该规定如何检查和验证产品标签的准确性和完整性，以确保消费者能够获得正确的信息并避免使用过期的产品造成安全风险。

此外，如果这种食品产品需要搬运和存储，那么涉及标志和标签的章节和条款还应该规定如何标注和传达相关的搬运规则和安全警示信息，以确保搬运和存储过程中不会对食品产品造成损害或者影响其品质和安全性。

d. 如果在标准中需要使用符号作为标志，那么这些符号必须符合相关的标准，包括 GB 190、GB/T 191、GB/T 6388 等。

具体来说，这些标准规定了符号的形状、尺寸、颜色等要求，以确保符号能够传递正确、准确的信息，同时避免因符号的混淆和错误使用而造成不必要的风险和损失。

示例：

在某个标准中需要使用警示标志，那么这个标准需要遵循相关标准来规定该标志的形状、尺寸、颜色和图案，以确保该标志能够传达正确、准确的信息，避免因标志混淆或错误使用而带来的安全风险。

根据相关标准，该标志通常应为三角形或倒三角形，黄底黑边或红底白边，并在中央用黑色或白色字体标注具体的警示信息，如"危险""警告""禁止"等。此外，标准还应该规定该标志应该放置的位置、高度和数量等要求，以确保标志的可视性和有效性。

因此，该标准需要遵循 GB 190、GB/T 191、GB/T 6388 等相关标准，规定该警示标志的形状、颜色和图案等要求，并指定标志的具体使用场景和规范，以确保标志的可靠性和有效性。

3）产品随行文件的要求

如果在产品标准中需要要求提供这些随行文件，那么标准应该对这些文件的内容做出规定，包括规定文件中应包括哪些信息、信息的格式和内容要求、文件的数量和存档要求等。同时，标准应该引用相关的标准，如 GB 5296、GB/T 9969 等，以确保这些随行文件的内容和要求符合国家和行业的规定和标准。

示例：

如果一个产品标准需要提供产品说明书，那么标准中应该规定该说明书的内容和格式要求，包括产品的基本参数、使用方法、注意事项、维护保养等信息。此外，标准还应该规定该说明书的语言、字体、页数、封面等要求，并指定该说明书的存档方式和数量。同时，标准还应该引用相关的国家标准或行业标准，如 GB/T 14436 等，以确保该产品合格证的内容和格式符合标准要求。

（10）包装、运输和储存

如果需要，产品标准可以规定产品的包装、运输和储存条件等方面的技术要求，以确保产品在包装、运输和储存过程中不会造成危险、毒害或环境污染，同时保护产品的完整性和品质。

如果在产品标准中需要规定包装、运输和储存方面的技术要求，那么标准应该规定产品的包装、运输和储存条件的具体要求，包括材料、尺寸、标识、存放温度、湿度等。此外，标准还应该指定包装、运输和储存测试的方法和标准，以确保产品在正常条件下的包装、运输和储存能够满足要求。

需要注意的是，这些规定是可选的，而不是所有的产品标准都需要规定这些要素。如果产品标准没有规定包装、运输和储存方面的技术要求，则生产商和用户可以根据实际情况自行确定适当的包装、运输和储存方式。

示例：

在某个产品标准中规定了产品的包装、运输和储存条件。比如，这个产品可能是一种化学品，需要在特定的温度和湿度条件下进行包装、运输和储存，以确保其不会在这个过程中失去活性或变质，同时避免对环境造成污染或危险。

根据这个产品标准，生产商需要按照规定的要求选择适当的包装材料、尺寸和标识，以确保产品在运输和储存过程中不会泄漏或受损。此外，生产商还需要在标签或说明书上标明产品的存放温度和湿度要求，以提醒用户在存储和使用过程中遵循这些条件。

同时，这个产品标准还可能规定了测试和验证这些包装、运输和储存条件的方法和标准，以确保这些条件的有效性和可靠性。比如，可能需要进行温度、湿度、气压等方面的测试，以验证包装、运输和储存条件的合理性和有效性。

因此，在产品标准中规定包装、运输和储存条件等方面的技术要求可以确保产品在生产、运输、储存和使用过程中不会受到损害或对环境造成危害，同时保护产品的品质和可靠性。

（六）评价标准

GB/T 20001.8—××××《标准起草规则　第8部分：评价标准》规定了评价标准的结构和起草的总体原则，以及文件起草的总体要求和编写规则，例如文件名称、评价指标体系、取值规则、评价结果和评价流程等。本部分适用于所有层次标准中的评价标准的起草。评价标准中，封面、目次、前言、引言、规范性引用文件、术语和定义等部分按照GB/T 1.1的要求，其他要素项的写作结构如图2-10所示，其中第1、第2、第4、第5、第6项均为必要内容。

评价标准针对的是复杂的产品、过程或服务，尤其是较复杂的系统进行综合评价的标准。评价标准需要在标准中给出评价规则，包括评价指标体系、取值规则和评价结果，这三个要素的有机结合使得对产品/系统、过程或服务的综合评价成为可能。GB/T 20001.8则是针对我国的评价标准起草规则进行了研究和实践，考虑了可测量、可判定原则和覆盖全面且相互独立原则，使评价标准的起草更有据可依，提高了评价标准的起草质量和应用效率。对应评价标准的总体原则和要求、七个要素项的写作方法具体如下。

```
                    ┌─────────┐  ┌──────────────┐
                    │ 评价标准 │──│ 总体原则和要求 │
                    └─────────┘  └──────────────┘
```

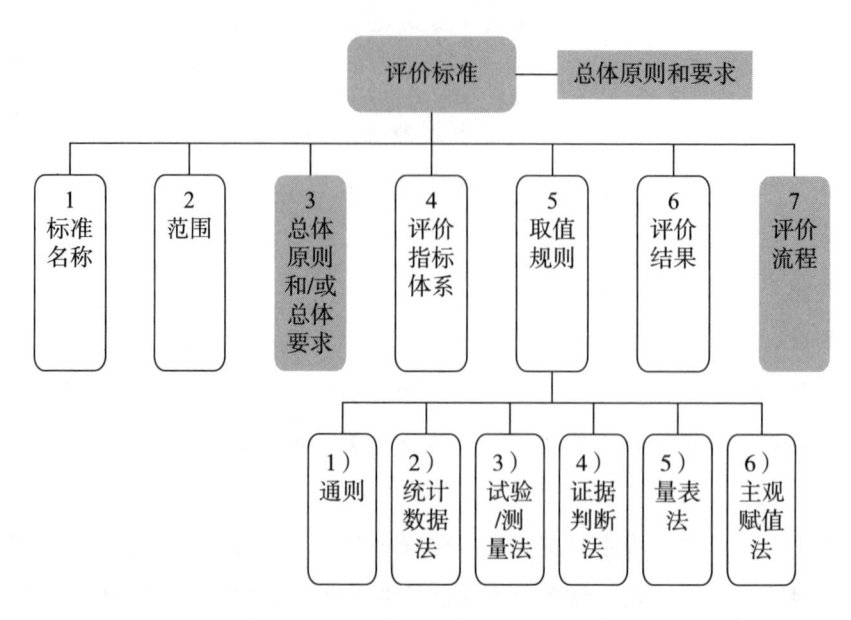

图 2-10　评价标准主要要素项结构

（结构图文字：1 标准名称；2 范围；3 总体原则和/或总体要求；4 评价指标体系；5 取值规则；6 评价结果；7 评价流程。取值规则下分：1) 通则；2) 统计数据法；3) 试验/测量法；4) 证据判断法；5) 量表法；6) 主观赋值法。）

1. 总体原则与要求

（1）这个原则是用来选择和确定评价指标及其取值规则的，要求所选定的评价指标和取值规则在可接受的时间内且经济可行的条件下，能够通过相应的方法进行测量、计算等；同时，评价人员在开展评价活动时能够判定出评价指标取得的指标值。这样，就能够确保评价活动的科学性和可靠性，提高评价结果的可信度和可用性。

示例：

如评价一辆汽车的性能，其中一个评价指标可能是车速。那么在可测量、可判定原则的要求下，我们需要选择一个能够测量车速的方法，比如使用测速仪，来确保评价指标是可测量的。同时，也需要确定一个能够判定车速是否符合标准要求的取值规则，比如规定车速在某个范围内为合格，超出这个范围则为不合格，来确保评价指标是可判定的。这样，在进行评价活动时，评价人员可以根据测量结果判断车速是否符合标准要求。

（2）该原则要求在构建评价指标体系时，需要选取和确定覆盖评价对象各方面的评价指标,并且各个评价指标之间应该保持独立,互不影响,也就是说同一层级上的各个评价指标应该相互独立。这样才能保证评价指标体系覆盖全面、科学合理,能够满足评价的目的。

示例:

以某企业的绩效评价为例,覆盖全面且相互独立原则可以被应用。在构建评价指标体系时,需要选择和确定覆盖企业各方面的评价指标,比如财务绩效、市场占有率、员工满意度、环境保护等方面的指标,以确保评价的全面性。同时,同一层级上的各评价指标应该保持独立,互不影响,比如财务绩效和市场占有率应该是相互独立的指标,不应该相互影响或重叠。这样可以确保评价的准确性和有效性。

2. 七个要素项的写作

(1)标准名称

1)评价标准的名称应该包含所针对的评价对象以及词语"评价",以表明标准的类型。例如,可以将标准名称表示为"评价对象名称+评价",其中"评价对象名称"表示评价的对象,"评价"表示这是一个评价标准。

示例:

(a)儿童乘坐安全座椅安全评价 第2部分:汽车行业

(b)家用空气净化器 能效评价

(c)智慧城市可持续发展评价 第3部分:水资源利用

2)评价标准的英文译名中,"评价"一词应该翻译为"evaluation"。这是为了确保国际标准的一致性和清晰性,以便更好地进行跨国合作和交流。

示例:

(a)环境影响评价 第X部分:建筑项目 英文名称:Environmental Impact Evaluation Part X:Building Projects

(b)网络安全评价 风险评估 英文名称:Network Security Evaluation Risk Assessment

(2) 范围

范围是评价标准中的一个重要部分，主要是对标准的主要技术内容进行提要式的说明，包括评价对象和所涉及的内容。范围的典型表述形式通常包括："本文件确立了……［评价对象］的评价指标体系，规定了各评价指标的取值规则，描述了评价结果的形成方式……"等内容。

示例：

一份评价标准针对电动汽车的安全性进行评价，其范围可以描述为："本文件确立了电动汽车安全性的评价指标体系，包括车辆底盘结构、电池安全性、电机控制系统等方面；规定了各评价指标的取值规则，如车辆底盘结构的评价取决于底盘承载能力、防护能力、刚度等因素；描述了评价结果的形成方式，包括单项评价和综合评价。"这样可以让使用者清楚地了解本标准的适用范围和包含的内容。

(3) 总体原则和/或总体要求

总体原则和/或总体要求是评价标准中用来规定评价指标体系、取值规则、评价流程等总框架或总体要求的要素。如果评价标准中包含了总体原则和/或总体要求，那么在编写规范性要素的内容时，需要遵守总体原则和/或总体要求。这样可以确保评价标准的一致性和可靠性，使得评价结果更加准确、客观、可靠。

示例：

这里给出一个有意义的上下文，如下：

2. 总体原则

本标准起草遵循以下总体原则。

2.1 整体性原则

评价标准应当全面、系统地反映所针对的评价对象的性能特点，包括各个层次的要求，全面准确地反映评价对象的实际情况和评价需求，使评价结果具有可靠性和有效性。

2.2 严谨性原则

评价标准应当以科学、严谨、实用为原则，建立完整、合理、可操作的评价指标体系和取值规则，确保评价结果的真实、可信、准确和客观。

2.3 公正性原则

评价标准应当尊重并保障评价对象合法权益，公平公正地进行评价活动，避免歧视、不公和不当的干扰行为，确保评价结果的公正性和合理性。

在这个例子中，第二部分明确了评价标准的总体原则，包括整体性、严谨性和公正性三个方面，为后续的规范性要素提供了总框架和规定所需遵守的总体要求。这些总体原则可以帮助确保评价标准的科学性、准确性、公正性和可信度。

（4）评价指标体系

1）评价指标体系用于说明所有评价指标之间的层级关系，即它们之间的相互关系。在构建评价指标体系时，应选择并确定可测量、可判定的评价指标，并遵循覆盖全面且相互独立的原则。这样做可以确保评价指标的准确性和完整性，有助于评价过程的准确和公正。

示例：

假设有一份评价标准是针对某个企业的环保表现进行评估的，那么在该标准中，评价指标体系要素应当包含所有与环保表现相关的指标，并且明确它们之间的层级关系，例如，废水排放、废气排放、固体废物处理等指标属于哪个大类，哪些是细分指标等。同时，在选择和确定这些评价指标时，需要遵循可测量、可判定原则，即这些指标在可接受的时间内和经济可行的条件下应该可以被测量和计算；在构建评价指标体系时，还要遵循覆盖全面且相互独立原则，即所有与环保表现相关的方面都要被考虑到，并且处于同一层级上的指标之间应该保持独立互不影响。

2）评价指标之间建立明确的层级关系。此外，对于评价指标的分类和分级，规定了不超过三级，并且提供了三种指称方式，分别是"一级评价指标""二级评价指标""三级评价指标""总目标层""子目标层""指标层""要素层""领域层""指标层"。

示例：

例1.

一级评价指标	二级评价指标	三级评价指标	取值规则
水资源	水资源供需平衡	水资源利用率	比例
水资源	水环境质量	水体水质	水质指数
……	……	……	……

例2.

总目标层	子目标层	指标层	取值规则
可持续性	经济发展	产值增长率	百分数
可持续性	社会公平和正义	贫困人口比例	百分数
……	……	……	……

例3.

要素层	领域层	指标层	取值规则
土地	耕地	耕地保有量	面积
土地	林地	森林覆盖率	百分数
……	……	……	……

3）评价指标体系的构成可以采用使用条文、图或表等不同形式进行描述并列出层级关系。如果只使用条文就足以清晰、明确地描述评价指标体系的构成，那么就可以使用条文确立评价指标体系。但如果条文不足以清晰、明确地描述出评价指标体系的构成，就可以综合运用多种表述形式，例如，使用图或表。在这种情况下，条文描述评价指标体系构成的内容宜简练，且不应与其他表述形式冲突或矛盾。

示例：

假设我们正在制定一个旅游景区的评价标准，其中一个关键的评价指标是景区的环境卫生情况。我们可以使用以下方式来描述这个评价指标体系。

（a）使用条文

景区环境卫生是评价指标体系中的一个关键指标。构成环境卫生指标的几个评价子指标包括：a）垃圾处理；b）厕所清洁；c）地面清洁。

（b）使用表

一级评价指标	二级评价指标	三级评价指标	取值规则
环境卫生	垃圾处理	垃圾分类收集与处理 垃圾桶定期清理	
	厕所清洁	厕所定期清理消毒 厕所设施维护	
	地面清洁	路面清洁卫生 防跌防滑	

在这个例子中，我们使用了（a）和（b）两种表述形式，其中（a）提供了评价指标的主要内容和层级结构，而（b）则提供了更具体和详细的信息，如每个评价子指标的具体内容和取值规则。

4）在一个评价指标体系中，每个评价指标的名称应该是唯一的，不应该出现两个指标名称相同的情况。

示例：

如果一个评价指标体系中有两个评价指标分别是"工作效率"和"生产效率"，那么这两个指标名称是唯一的，因为它们不相同。但如果有两个指标都叫"工作效率"，那么就不符合这个原则了。

（5）取值规则

1）通则

a. 在评价活动中，为了对评价对象进行评价，需要使用评价指标来进行度量。而每个评价指标都有一个或多个指标值，用来表示评价对象在该指标下的表现情况。取值规则就是用来规定如何确定评价指标的指标值的规则。

取值规则的内容应包括：

（a）每个评价指标所对应的指标值的计算方法；

（b）指标值的计量单位；

（c）指标值的取值范围及分级标准；

(d) 指标值的计算公式等。

通过规定取值规则,可以保证评价指标的指标值的可比性和可信度,从而使评价结果更加客观和准确。

示例:

假设有一个针对学生学习成绩的评价标准,其中的一项评价指标是"数学成绩",那么该评价指标的取值规则可规定如下。

(a) 数学成绩以百分制计算,最高为 100 分,最低为 0 分;

(b) 分数取值精确到个位数;

(c) 如果学生未参加该科目考试,该指标值为 0 分;

(d) 如果学生参加了该科目考试但因作弊或其他违规行为被取消成绩,该指标值为 0 分;

(e) 如果学生报名参加该科目考试但因病等特殊原因缺考,该指标值为缺考,不计入评价结果;

(f) 如果学生参加了该科目考试并且成绩有效,该指标值为其实际获得的分数。

这样,当评价者根据该标准进行学生学习成绩的评价时,就可以按照上述规定来确定每个学生在"数学成绩"这一评价指标上的得分。

b. 评价指标的取值方式有两种,一种是直接给出评价指标取得指标值的方法,另一种是通过其他相关评价指标所取得的指标值计算得出。通常情况下,最后一个层级的评价指标采用直接给出的方式,而在这个层级之上的各评价指标则采用计算得出的方式,由各自划分出的下一层级评价指标的指标值计算而来。需要注意的是,只有当最后一个层级之上的评价指标的指标值在评价过程中有单独的作用时,才会使用计算得出的方式。

示例:

假设要对一家公司的绩效进行评价,根据评价指标体系,需要考虑以下几个层级的评价指标:

一级评价指标:公司绩效。

二级评价指标：营收、利润、客户满意度、员工满意度。

三级评价指标：每年营收增长率、净利润率、客户服务质量、员工福利待遇。

如果采用直接给出评价指标取得指标值的方法（a 方式），那么在评价过程中直接采集到的数据就是每个评价指标的实际值，比如公司去年的营收为 1000 万元，净利润为 200 万元，客户满意度为 90 分，员工满意度为 85 分。

如果采用由其他相关评价指标所取得的指标值计算得出的方法（b 方式），那么在评价过程中，需要先采集到每个评价指标的原始数据，比如每年营收增长率、净利润率、客户服务质量、员工福利待遇等数据，然后根据评价指标体系中规定的计算公式计算出每个评价指标的值。例如，根据计算公式计算出公司的营收为去年营收加上营收增长率乘以去年营收，净利润为去年利润加上净利润率乘以去年利润等。

一般来说，在最后一个层级之上的评价指标，比如每年营收增长率、净利润率、客户服务质量、员工福利待遇等，采用 b 方式，由这些指标计算得出上一层级的评价指标值，比如营收和利润，而最后一个层级的评价指标，比如营收和利润，采用 a 方式，直接给出实际的指标值。

c. 一个评价指标体系中，如果同一层级上的评价指标之间不存在直接可比关系、指标值属性不同，而且这些评价指标相对于上一层级评价指标的重要程度存在明显差异，那么就需要在评价标准中规定这些评价指标的权重。权重通常是百分数，方便计算和理解各评价指标相对于上一层级评价指标的重要程度。需要注意的是，评价指标的指标值属性可能是多样化的，评价指标之间可能相互独立、不存在直接可比关系，此时需要对权重做出规定。但如果评价指标的指标值属性单一，例如，全部都是主观赋予的具体分值，就可以选择不对权重做出规定。

示例：

假设一个酒店需要评价客房清洁服务的质量，评价指标体系包括以下评价指标：

床单清洁度。评价指标值为 1~5 分，分值越高表示床单越清洁。

卫生间清洁度。评价指标值为 1~5 分，分值越高表示卫生间越清洁。

地板清洁度。评价指标值为 1~5 分，分值越高表示地板越清洁。

客房内饰摆放整齐度。评价指标值为 1~5 分，分值越高表示客房内饰摆放越整齐。

在这个评价指标体系中，各评价指标的指标值属性是具体分值，且不存在直接可比关系。因此，为了准确衡量客房清洁服务的质量，需要为每个评价指标规定权重。例如，酒店决定床单清洁度权重为 30%，卫生间清洁度权重为 30%，地板清洁度权重为 20%，客房内饰摆放整齐度权重为 20%。这样，通过对每个评价指标赋予具体分值，可以计算出客房清洁服务的综合得分，从而准确评价服务质量的好坏。

d. 有 5 种评价指标取值方法，分别是统计数据法、试验/测量法、证据判断法、量表法和主观赋值法。在一个评价指标体系中，可以使用一种或多种方法，根据具体情况选择。如果同一层级上的各评价指标使用的数据存在较大差异，如量纲、单位、数量级等，应给出无量纲化处理的方法，以便更好地比较各个指标的取值。常用的无量纲化方法包括最小－最大规范化、Z－score 标准化等。通过无量纲化处理，可以消除指标间的量纲影响，更加准确地反映各评价指标的取值情况。

示例：

（a）统计数据法。通过收集和分析统计数据来得出评价指标的指标值。例如，对于一个城市的空气质量评价指标，可以通过收集监测站点的空气质量监测数据，进行统计分析来得出空气质量指数等评价指标的指标值。

（b）试验/测量法。通过试验或者测量来得出评价指标的指标值。例如，对于一款手机电池续航能力的评价指标，可以通过实际的充电、放电测试，测量得到电池续航时间等指标的指标值。

（c）证据判断法。通过现场调查、问卷调查等方式，采集相关证据，结合专家判断，得出评价指标的指标值。例如，对于一个教育机构的教学质量评价指标,可以通过学生和家长的调查问卷,结合教育专家的评价,得出教学质量的评价指标的指标值。

(d) 量表法。通过对评价对象的评估,根据预先设计的量表,得出评价指标的指标值。例如,对于一个人的身体素质评价指标,可以通过对多项指标进行测试,然后根据预先设计的身体素质评估量表,得出对应的身体素质评价指标的指标值。

(e) 主观赋值法。通过专家或相关人员的主观判断,赋予评价指标的指标值。例如,对于一个景区的环境评价指标,可以由专家根据其主观经验,对景区环境进行评价,并赋予对应的评价指标的指标值。

2) 统计数据法

统计数据法是一种基于统计数据的收集、整理、分析、计算得出评价指标取得指标值的方法。它的核心思想是收集与评价对象相关的数据,并在此基础上进行数据分析和计算,得到评价指标的取值。在使用统计数据法时,评价标准中的取值规则应规定数据来源、起止时间、单位、计算方法等内容。数据来源可以是统计部门、企业、研究机构等,起止时间可以是年、月、日等,单位可以是数量单位或货币单位等。统计数据法可以应用于各种领域的评价,如经济、环境、教育等。在具体应用时,需要根据评价对象和目的选择相应的统计指标和数据,并合理运用各种统计分析方法,得出科学准确的评价指标取值。

示例:

假设要评估一家公司的销售情况,其中一个评价指标是年销售额。使用统计数据法,可以收集公司过去几年的财务报表,找到销售额的数据,然后计算每年的销售额。评价标准中的取值规则可以规定数据来源为公司财务报表,起止时间为过去三年,单位为人民币(元),计算方法为求和。最终可以得到该评价指标的取值,即过去三年的销售额总和。

3)"试验/测量法"

"试验/测量法"是指通过实验方法或测量方法计算、测量、观测得出评价指标取得指标值的方法。例如，在衡量某种物质的硬度时，可以通过实验方法使用硬度计进行测试，然后根据测试结果计算得出硬度值作为评价指标的取值。在评价标准中，需要规定所使用的试验/测量方法，试验/测量的结果以及与试验/测量结果相对应的指标值。如果有现行适用的标准，应引用这些标准中的试验/测量方法；如果没有，就需要自行规定试验/测量方法。

示例：

我们以血压测量为例。

在医疗领域，血压测量是一项常见的试验/测量方法，用于评估一个人的血压值。评价指标体系包括收缩压和舒张压两个层级评价指标。其中，收缩压和舒张压都是试验/测量法得出的评价指标取得指标值。

在评价标准中，可以规定血压测量的方法，例如，使用袖带和听诊器或电子血压计等测量仪器进行测量。同时，规定测量的起止时间、单位和计算方法等内容。例如，测量时应在坐位或卧位静息状态下，连续测量三次，并将三次测量结果的平均值作为血压值。血压值的计算方法可以是收缩压减去舒张压，或者使用其他公式进行计算。

通过使用统一的试验/测量方法和规定测量的起止时间、单位、计算方法等内容，可以保证评价指标的可比性和准确性。同时，也可以避免不同测量方法、不同计算方法等因素对评价结果的影响。

4）证据判断法

证据判断法是一种评价指标取得指标值的方法，通过对评价对象所提供的证据进行判断来确定指标值。评价标准中的取值规则需要明确规定指标值及其判断准则、支撑做出判断的证据。支撑做出判断的证据通常为留痕证据，如记录、录像等。使用证据判断法时，评价对象所提供的证据需要能够证明符合判断准则，才能取得对应的指标值。

示例：

假设在某个餐厅的评价中，存在一个评价指标"服务态度"，采用证据判断法进行评价，评价对象提供了服务员的记录和观察员的记录，通过对照判断准则给出评价指标取得指标值的方法。在这个例子中,服务态度可以用三个等级来划分,分别为优秀、良好、差。根据记录和观察员的记录,评价对象可以提供以下证据。

服务员热情、主动询问食客的需求并提出建议,没有忽视食客的请求和需求,记录中表现为"服务员主动询问食客需求并提出了可选的菜品,没有忽视食客的请求和需求"。

服务员礼貌待客,没有使用粗俗或不适当的言辞或行为,记录中表现为"服务员与食客沟通时使用得体的言辞,没有出现不适当的行为"。

根据评价标准的判断准则,如果服务员的服务态度表现出热情主动、礼貌待客,并且没有出现不适当的言辞或行为,那么评价指标的取值应该为"优秀"。因此,根据评价对象提供的证据,可以判定服务态度评价指标取得了优秀的指标值。

5)量表法

量表法是一种基于等级评价量表的方法,通过对不同态度进行排序并用不同的数值来代表某种态度,计算得出评价指标取得指标值的方法。使用量表法时,评价标准中的取值规则应规定对应每个评价指标的等级评价量表,常用的等级评价量表有 5 级评价量表、7 级评价量表等。例如,在使用 10 分制度的评价指标中,最高分值为 10 分,最低分值为 1 分,在中间的分数位置按程度顺序排列不同的态度(如 5 分表示一般、8 分表示很好),以便对评价指标进行量化评估。

示例:

假设我们需要评价一款新产品的用户满意度,我们可以设计一个 5 级评价量表,其中最高为"非常满意"(5 分),最低为"非常不满意"(1 分),中间还有"满意""一般""不满意"等不同的态度,并用不同的数值来代表这些态度。然后我们可以向用户提供这个量表,让他们根据他们对产品的感受进行评价,并将评价结果转化为相应的数值。最终,我们可以计算出产品的平均得分,作为该产品用户满意度的评价指标取得指标值。

6) 主观赋值法

主观赋值法是一种由评价人员根据经验、证据等情况，在规定的范围内对评价指标进行主观赋值的方法。在使用该方法时，评价标准中的取值规则需要规定针对每个评价指标的赋值依据和赋值范围。

赋值依据可以是多种因素，如专业经验、规范要求、市场趋势等，具体根据评价对象和评价目的而定。赋值范围则需要在评价标准中规定，并根据具体情况进行调整。赋值范围通常以具体分值的形式给出，如0~10分、1~5星等，评价人员可以根据评价对象的具体情况进行赋值。

需要注意的是，在使用主观赋值法进行评价时，评价人员的主观因素会影响评价结果，因此需要在评价标准中制定相应的规定，以保证评价的客观性和准确性。

示例：

对于一个公司的服务态度进行评价，评价指标可以是"客户满意度"。赋值依据可以是客户反馈和公司内部评估，评价人员根据经验、证据等情况，可以在规定的范围内对每个评价指标赋予一个主观的得分。例如，客户满意度可以根据以下赋值依据赋予得分：

客户反馈。非常满意（10分）、满意（8分）、一般（5分）、不满意（3分）、非常不满意（1分）。

公司内部评估。非常满意（5分）、满意（4分）、一般（3分）、不满意（2分）、非常不满意（1分）。

根据上述赋值依据，评价人员可以在10分制或5分制的范围内对每个评价指标进行赋值，并得到客户满意度的总分。该总分可以作为评价对象服务态度的指标值。

(6) 评价结果

1) 评价结果是最终的输出，它反映了对评价对象的总体评价。评价结果的得出方法是指确定最终评价结果的过程。使用该方法时，需要考虑各个层级评价指标之间的权重和取值方式，以及评价指标之间的相互作用。评价结果的等级划分是指将评价结果分成几个等级,根据不同的等级给出相应的评价结果。评价报告是指在评价过程中,根据评价结果生成的报告,这个报告通常包括评价对象的基本信息、评价方法、评价指标、评价结果等内容。

示例:

举一个电商平台的例子来说明评价结果的得出方法和等级划分。假设某电商平台的评价指标体系中有以下几个评价指标:

(a) 发货速度

(b) 商品质量

(c) 服务态度

(d) 退货流程

针对这些评价指标,可以使用统计数据法、试验/测量法、证据判断法、量表法、主观赋值法等方法来得出各自的指标值。

得出了每个评价指标的指标值之后,就可以根据需要进行等级划分,将各个指标的值映射到对应的等级上。例如,可以将发货速度分为快、中、慢三个等级,商品质量分为优、良、中、差四个等级,服务态度分为好、较好、一般、较差、差五个等级,退货流程分为顺畅、一般、烦琐三个等级。

最后,根据这些评价指标的权重和指标值,综合计算得出综合评价值,进一步映射到对应的等级上,作为最终的评价结果。例如,可以将综合评价值分为优秀、良好、一般、较差、差五个等级。同时,还可以撰写评价报告,将各个指标的具体情况和评价结果详细说明。

2) 在规定评价结果的得出方法时,需要明确说明得出评价结果的具体方法或计算公式,以确保评价结果的准确性和可重复性。此外,还需要说明方法或计算公式中每个数据项所代表的含义,以便读者理解和使用。这样可以确保评价结果的可靠性和有效性,同时也方便对评价结果进行解释和应用。

示例:

对于一个产品的性能评价,可以使用多个评价指标,如 A、B、C 三个指标,对于每个指标可以采用不同的取值方式,如直接给出指标值、试验/测量法等。最后需要得出这三个指标的综合评价结果，可以使用加权平均法，公式为：

综合评价结果 =（A×wA + B×wB + C×wC）/（wA + wB + wC）

其中，wA、wB、wC 分别为 A、B、C 三个指标的权重。需要在评价标准中规定每个指标的权重以及公式中每个数据项所代表的含义，如单位、计算方法等。

3）评价结果的等级划分是对评价结果按照一定的标准和规则进行分类，通常采用等级制度。在规定评价结果的等级划分时，需要明确指明评价结果与等级的对应关系。

示例：

假设有一个针对公司员工绩效的评价体系，其中包含了多个评价指标，如工作成果、工作质量、工作态度、工作效率等。每个评价指标的取值方式和权重已经确定，现在需要确定评价结果的等级划分。

可将员工的综合评价得分按照百分制计算，然后按照一定的比例划分为五个等级，如下：

90 分以上：优秀

80~89 分：良好

70~79 分：一般

60~69 分：较差

60 分以下：不合格

通过这种等级划分，可以更加直观地对员工的绩效进行评价和比较。同时，在评价报告中也可以按照等级划分进行分类汇总，更加清晰地展示评价结果。

4）评价报告是对评价过程及结果的总结和呈现，它应包含评价过程中的重要信息和结论。为了确保评价报告的准确性和可信度，在规定评价报告时，应当明确说明评价报告所包含的内容。通常，评价报告应至少包含以下几个方面的内容。

a. 评价目的。明确说明为什么进行此次评价？评价的目的是什么？解决了什么问题？

b. 评价对象。说明评价对象的类型和范围，包括评价对象的名称、特征和相关信息等。

c. 评价时间、地点、评价人员等。说明评价的时间、地点，评价人员的身份和数量等相关信息。

d. 评价所依据的标准。说明评价过程中所使用的评价标准、评价指标和权重等。

e. 评价过程。详细说明评价的过程，包括采集数据的方法、评价指标的计算方法、评价过程中的问题和解决方案等。

f. 评价结果及其计算方法。明确指出评价结果及其计算方法，包括具体数值、等级划分等信息。

评价报告的内容应该简洁明了、客观真实、有说服力，并且能够让读者快速了解评价过程和结果。

示例：

举一个企业社会责任评价报告的例子。

（a）评价目的。对企业在社会责任方面的表现进行评估，为企业改进和提高社会责任水平提供参考。

（b）评价对象。某公司。

（c）评价时间、地点、评价人员等。2022 年，中国大陆地区，由一家独立第三方机构进行评价。

（d）评价所依据的标准。《企业社会责任评价标准》。

（e）评价过程。通过对公司的调查、访谈、文献资料收集、现场考察等方式进行数据收集，以量化、定量的方法评估公司在环境、劳工、人权、消费者权益、社区责任等方面的表现。

（f）评价结果及其计算方法。通过对收集的数据进行统计和分析，得出公司在各项社会责任指标下的得分，并按照标准中规定的等级划分进行评价结果的等级划分。同时，对评价结果进行综合分析，得出对企业在社会责任方面的总体评价结论。

评价报告内容还可以包括对公司在各项指标下的优点和不足的分析、改进建议等内容。

(7) 评价流程

1) 评价流程指的是对于评价活动的过程或者其关键环节的规定，包括数据采集、处理和多种评价方式的组合应用等内容。评价流程的规定可以确保评价活动的准确性和合理性，避免过程中出现的错误或者误差。

示例：

比如，评价一个产品的质量，评价流程可包括以下环节。

(a) 确定评价指标。确定评价产品质量的相关指标，如外观、性能、寿命等。

(b) 制定评价标准。根据指标制定相应的评价标准，例如，外观可以根据产品表面缺陷、色差等制定标准，性能可以根据产品的功率、响应时间等制定标准。

(c) 数据采集。对产品进行检测、测试，收集数据。

(d) 数据处理。对采集到的数据进行处理，如计算出每个指标的平均值、标准差等。

(e) 综合评价。根据标准和处理后的数据进行综合评价，得出产品的质量评价结果。

(f) 生成评价报告。将评价结果整理成报告形式，包括评价指标、得分、数据处理方法、评价标准等信息，最终提交给相应的人员或机构。

2) 评价流程是指评价活动的过程和关键环节的规定，应该按照通常的逻辑次序确立，包括制定评价方案、实施评价、计算评价结果、撰写评价报告等阶段。评价流程可以用条文或流程图的形式给出总体概况和构成，确保评价流程的清晰明确，不应冲突或矛盾。在每个步骤中，需要详细描述具体的操作方法和操作顺序，确保评价流程的顺畅和准确。

示例：

以下是一个评价流程的例子。

（a）制定评价方案

①明确评价对象。某个产品的质量。

②明确评价方式。采用测量法和主观赋值法。

③明确评价人员。由5名专业测试人员和5名普通消费者组成。

④时间安排。评价期为1个月。

（b）实施评价

①收集评价数据。由专业测试人员对产品进行物理性能测试，记录测试结果；由消费者进行使用后评价并填写问卷调查，由相关人员收集调查结果。

②审核/处理评价数据。对测试结果进行数据清理和处理，剔除异常数据；对问卷调查结果进行数据分析和整理，生成统计报表。

（c）计算评价结果

①使用加权平均法，将专业测试人员和消费者的评价结果进行加权平均计算。

②使用量表法，将产品的不同物理性能指标进行等级评价，并生成总体评价等级。

（d）撰写评价报告

①整理评价数据和结果，形成评价报告。

②在评价报告中，包括评价对象、评价方式、评价人员、评价时间、评价标准、评价过程、评价结果和建议等内容。

3）评价流程是评价活动中的重要要素，用于规定评价活动的过程和关键环节，确保评价结果的准确性和合理性。在对评价流程进行规定时，可以考虑以下几个方面的内容：

a. 如果评价涉及多种评价方式的组合应用，例如主观评价与客观评价相结合、证据材料查阅与现场考察相结合等，应明确规定实施这些评价方式的先后次序，以保证评价活动的顺利进行。

b. 如果评价人员对于评价结果的准确性、合理性十分重要，那么，应视情况明确规定评价人员的组成、能力或经验要求等内容,以保证评价人员具备开展评价活动所需的专业技能和知识。

c. 如果涉及复杂数据的采集与处理,那么,应明确规定需要采集哪些数据、采用什么方法对数据进行审核或者校验等内容,以保证数据的准确性和可靠性。同时,为了便于评价数据的处理,还可以规定采用什么数据处理工具或软件。

总之,评价流程的规定要具体、明确、合理,以确保评价活动的有效性和准确性。

示例:

假设有一个城市需要评价其市民的幸福感,评价标准使用主观赋值法和量表法相结合。那么可以考虑以下几个方面的内容。

(a) 在实施主观赋值法和量表法时,需要明确规定实施这些评价方式的先后次序。例如,可以先进行主观赋值法的评价,然后再进行量表法的评价,也可以相反地进行评价。

(b) 评价人员对于评价结果的准确性、合理性十分重要。因此,需要明确规定评价人员的组成、能力或经验要求等内容。例如,可以规定评价人员必须具备相关的社会学、心理学等领域的专业背景或具有相关的评价经验。

(c) 为了保证评价结果的准确性,需要明确规定需要采集哪些数据以及采用什么方法对数据进行审核或校验。例如,可以规定需要采集的数据包括市民的人均收入、居住条件、健康状况等,并且需要对采集到的数据进行统计分析,以确保数据的准确性和合理性。

(七) 管理体系标准

GB/T 20001.11—2014《标准起草规则 第 11 部分:管理体系规范》是管理体系标准的编写规则,规定了起草管理体系标准的类别、总体原则、总体要求以及编写规则和核心内容。

管理体系标准是针对特定主题的标准,如"×××管理体系标准""×××管理体系""×××方针""×××目标"等。GB/T 20001.11 适用于管理体系标准的起草。

在本书中,将介绍如何起草管理体系标准的文件,名称、结构、要素的编写规则以及管理体系标准正文中要素的核心内容。这些规则和要求将有助于确保管理体系标准的编写质量和有效性。管理体系标准中,封面、目次、前言、规范性引用文件等部分按照 GB/T 1.1 的要求,其他要素项的写作结构如图 2-11 所示,其中第 2 至第 11 项均为必要内容。

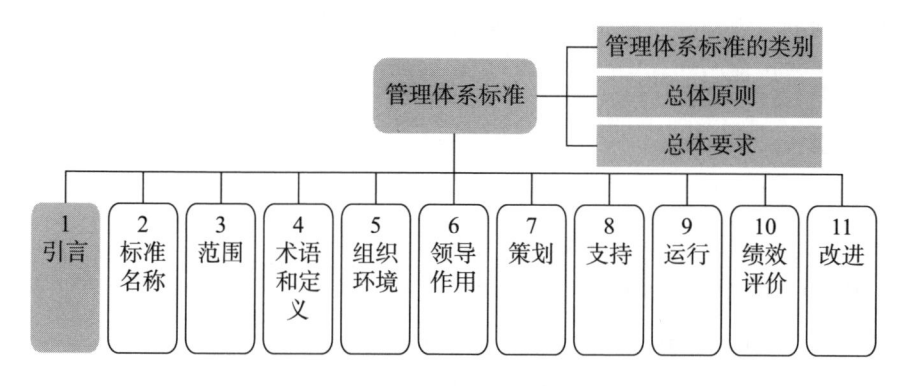

图 2-11 管理体系标准主要要素项结构图

管理体系标准
- 管理体系标准的类别
- 总体原则
- 总体要求

1 引言 | 2 标准名称 | 3 范围 | 4 术语和定义 | 5 组织环境 | 6 领导作用 | 7 策划 | 8 支持 | 9 运行 | 10 绩效评价 | 11 改进

不同类型的标准需要遵循相应的起草规则,而管理体系标准有其典型的核心技术要素和核心内容,需要针对性地确立特定的起草规则。GB/T 20001.11 为管理体系标准的起草提供了明确的规则,以促进标准之间的兼容和协调,并提高标准的起草质量和应用效率。简单来说,GB/T 20001.11 制定了起草管理体系标准的具体规则,以提高标准的质量和效率。对应管理体系标准的类别、总体原则、总体要求和十一个要素项的写作方法具体如下。

1. 管理体系标准的类别

(1)在管理体系标准中,根据适用的广度,可将其分为跨行业管理体系标准和特定行业管理体系标准两种类别。跨行业管理体系标准适用于各个经济行业、各种类型和规模的组织,而特定行业管理体系标准则是为在特定行业应用跨行业管理体系标准而制定的补充要求或提供指导的管理体系标准。例如,GB/T 19001—2016 质量管理体系要求是跨行业管理体系标准的示例,而 ISO/IEC/IEEE 90003:2018 软件工程电脑软件应用 ISO 9001:2015 的指南则是特定行业管理体系标准的示例。

（2）这段文字讲述了如何按照标准内容的广度和功能来划分管理体系标准的不同类型。根据广度，管理体系标准可分为跨行业管理体系标准和特定行业管理体系标准；根据功能，管理体系标准可分为要求类管理体系标准和指南类管理体系标准，后者又可分为指导类指南和应用类指南。其中，要求类管理体系标准规定管理体系的要求，而指南类管理体系标准则提供指导或建议，帮助组织建立、改进或提升管理体系。此外，要求类管理体系标准也可以用于合格评定活动。

示例：

（a）要求类管理体系标准

GB/T 19001—2016 质量管理体系要求

GB/T 24001—2016 环境管理体系要求

GB/T 28001—2011 职业健康安全管理体系要求

GB/T 50001—2018 能源管理体系要求

GB/T 29490—2013 知识管理体系要求

（b）指南类管理体系标准

68/1 35770—2017 合规管理体系指南

GB/T 19002—2018 质量管理体系 GB/T 19001—2016 应用指南

GB/Z 19035—2012 质量管理体系旅行社应用 GB/T 19001—2008 的指南

ISO 10007：2017 质量管理体系 配置管理系统指南

2. 总体原则

（1）过程原则是制定管理体系标准时的一种选取原则。它要求制定标准时，需要识别、梳理和分析所涉及的管理过程，并选取标准核心技术要素中与这些过程相关的内容。遵守过程原则意味着标准应该包含系统的、功能连贯的过程，并规定输入、输出和所需的资源以确保过程的适宜性、充分性和有效性。

示例：

以 ISO 9001 质量管理体系标准为例，说明过程原则的应用。

ISO 9001 要求建立质量管理体系，并按照该体系进行持续改进。在该标准中，过程原则被广泛应用。

首先，按照过程原则，应识别质量管理体系中的所有过程，并将其进行分类。例如，可以将过程分为质量管理过程、资源管理过程、运营过程、支持过程等。接着，需要分析各过程之间的相互关系和作用，以确保纳入管理体系标准的过程是系统的、功能连贯的。

其次，在起草内容时，需要考虑输入、输出和所需的资源，以确保管理体系标准规定的内容的适宜、充分和有效。

例如，对于质量管理过程中的"内部审核"，需要规定该过程的输入是管理体系的要求和审核计划，输出是内部审核报告和审核结论，所需资源包括审核人员和审核程序。此外，还需要规定内部审核的时间、地点、方法、频率等相关要求。

通过这样的原则，ISO 9001 所制定的质量管理体系标准能够系统地识别管理体系中的过程，分析各过程之间的相互关系、相互作用，并在规定内容时，对输入、输出及所需的资源做出符合过程特点，满足过程期望结果的规定。从而，确保质量管理体系标准中规定的内容的适宜、充分和有效，实现质量管理体系的持续改进。

（2）可证实性原则是指管理体系标准中所规定的要求能够通过有关证实方法或者溯源证据得到证实。这意味着在起草管理体系标准时，需要确保规定的要求是能够证实的，并且标准中需要描述所需的证实方法。证实方法通常表现为文件化信息，可以作为证明符合性的证据，也可作为管理体系建立、实施、维护和持续改进的有益信息，但这两种信息需要在起草时通过使用不同的典型表述来区分。

示例：

以 ISO 9001 质量管理体系标准为例，其中的可证实性原则要求为：

标准中所规定的要求能够通过有关证实方法得到证实。例如，在要求公司实施内部审核时，需要规定审核的范围、频率、参与人员等细节，并规定相关文件的审查和记录的保存方式等。这样，当外部审核员进行审核时，能够根据文件和记录的情况，验证公司是否符合标准要求。

标准中需要描述所需的证实方法。例如，在要求公司实施检验和测试时，需要规定检验和测试的方法、设备、记录和保存要求等。这样，当外部审核员进行审核时，能够根据检验和测试的记录和结果，验证公司是否符合标准要求。

文件化信息作为证明符合性的证据。例如，在要求公司实施管理评审时，需要记录评审的过程、结果和决策，并保存相关记录。这样，当外部审核员进行审核时，能够根据记录的情况，验证公司是否符合标准要求。

文件化信息是管理体系建立、实施、维护和持续改进的有益工具。例如，在要求公司实施文件控制时，需要规定文件控制的流程和程序，并记录文件的版本号、修订历史等信息。这样，能够确保管理体系文件的有效性和合规性，并方便管理体系的持续改进。

3. 总体要求

（1）管理体系标准之间的协调性

1）在制定管理体系标准时，应优先考虑制定适用于多个行业的"跨行业管理体系标准"，这样可以更好地协调不同行业之间的管理体系标准，提高管理体系标准之间的协调性。

示例：

例如，ISO 14001是跨行业适用的环境管理体系标准，适用于各种类型和规模的组织。该标准规定了环境管理体系的要求，包括环境政策、计划和实施、监测和测量、评审和改进等方面，旨在帮助组织控制和降低环境影响、提高环境绩效和遵守相关的法律法规和其他要求。许多行业和组织都采用ISO 14001作为环境管理体系的指南，如制造业、服务业、公共事业、政府机构等。

2）假设一个跨行业的管理体系标准和一个特定行业的管理体系标准都涉及到"过程"这个术语，如果此时已经存在一个通用的术语标准，比如上文提到的 GB/T 19000，那么这两个管理体系标准应该按照 GB/T 19000 来定义和使用"过程"这个术语，以保证标准之间的一致性和互操作性。

示例：

在跨行业的质量管理体系标准 GB/T 19000 中，"过程"定义为将输入转化为输出的一系列活动。在特定行业的食品安全管理体系标准 GB/T 22000 中，食品加工过程使用相同的定义，但应用于食品安全管理。通过统一使用 GB/T 19000 的定义，两个标准之间保持一致性，有助于提高体系的互操作性和管理效率。

3）跨行业的管理体系标准不应该规范性引用特定行业的管理体系标准。相反，特定行业的要求类管理体系标准应该规范性引用跨行业要求类管理体系标准，而应用类指南则应在相应条款的开始资料性引用要求类管理体系标准。任何情况下都不应更改或通过解释更改要求类管理体系标准的条款。

示例：

举一个符合这个原则的例子是 ISO 14001 和 ISO 45001 标准的关系。ISO 14001 是一个跨行业的环境管理体系标准，而 ISO 45001 是一个特定行业的健康安全管理体系标准。在 ISO 45001 中，对于环境因素的管理要求，可以通过规范性引用 ISO 14001 来实现。这样做不仅遵循了以上的原则，而且有助于实现管理体系标准之间的协调性和一致性。

（2）核心内容的使用

1）要求类管理体系标准正文中应包含所有的核心内容，不允许更改或删除核心内容中的条款和附加信息，但可以增加或更改附录 A 中的术语和定义的注。特定行业要求类管理体系标准引用跨行业要求类管理体系标准时，也视为包含了核心内容。如果需要根据特定主题的实际情况增加内容，则增加的内容应在相应层次的核心内容之前或之后编排，并与核心内容在层次上区分开，不应与核心内容抵触。

示例：

以质量管理体系要求为例，其核心内容（即附录A规定的内容）包括以下条款：

- 范围
- 规范性引用文件
- 术语和定义
- 组织环境
- 领导作用
- 策划
- 支持
- 运行
- 评价绩效
- 改进

在编写要求类质量管理体系标准时，必须包含上述核心内容，并且不得更改或删除其中的条款和附加信息。如果需要增加新的内容，必须按照特定主题的实际情况进行编写，并在相应层次的核心内容之前或之后进行编排。增加的内容应与核心内容在层次上区分开，并且不应与核心内容抵触。同时，如果需要增加或更改术语和定义的注，则可以进行调整。

2）要求类管理体系标准中必须包含附录A规定的核心内容，不允许更改或删除其中的条款和附加信息。如果特定行业要求类管理体系标准规范性引用跨行业要求类管理体系标准，则视为包含了核心内容。

指导类管理体系标准可以包含核心内容，但必须将其中的要求性条款转换为推荐性条款。

应用类指南在正文核心技术要素中应包含对应的要求类管理体系标准第一层次的条标题，且第一层次条的顺序应与要求类管理体系标准保持一致。

示例：

GB/T 19002—2018 质量管理体系 GB/T 19001—2016 应用指南中就包含

了 GB/T 19001—2016 质量管理体系要求标准的第一层次的条标题,并且条的顺序也与该要求类管理体系标准保持一致。

(3) 典型表述的使用

在管理体系标准中表述文件化信息时,常用两种典型表述方式,即使用"应作为……证据可获取"或"……应可获取"来表述。具体使用哪一种方式要根据文件化信息的用途来确定,如果需要作为符合性的证据使用,则使用前一种方式,否则使用后一种方式。

此外,标准的核心内容中有一些要求使用了"确定"这个词语,但并不意味着所确定的内容及承载这些内容的文件化信息需要作为符合性的证据可获取。

示例:

假设一家公司按照 ISO 9001 标准要求建立了质量管理体系,并进行了内部审核和管理评审。在这个过程中,需要提供一些文件作为符合性的证据,例如:

(a)"公司应作为证据可获取的文件化信息,保存内部审核的计划和结果记录,包括审核的时间、地点、审核人员和审核的范围,以及确定的问题和改进措施。"

(b)"管理评审报告应可获取,包括评审的时间、地点、评审人员、参加者、主要讨论的问题、确定的改进措施和跟进活动计划。"

在这里,第一个例子使用了(a)中的典型表述,因为内部审核的计划和结果记录是作为符合性的证据使用的。第二个例子使用了(b)中的典型表述,因为管理评审报告并不是作为符合性的证据使用的,而是作为一种有用的信息记录存在的。

(4) 遵守基础标准

起草管理体系标准和指南类管理体系标准时需要遵守的几个规定:

首先,如果涉及通用的规则,应遵守 GB/T 1.1 的规定。这是一种参考标准,用于制定各种标准中的通用规则。

其次，对于要求的规定应使用要求性条款，提供指导应使用推荐性条款或陈述性条款，提供建议应使用推荐性条款，给出信息应使用陈述性条款。这是规定在起草管理体系标准时应该采用的不同类型的条款。

最后，起草指南类管理体系标准时，其中的指导、需考虑的因素等技术内容应遵守 GB/T 20001.7 的规定。这是关于管理体系文件编写规范的标准，用于确保管理体系文件的质量和一致性。

示例：

6.4.1 在起草标准时，如果需要使用通用规则，应遵守 GB/T 1.1 的规定。例如，GB/T 19001—2016 质量管理体系要求标准在起草过程中需要遵守 GB/T 1.1 中有关术语和定义的规定。

6.4.2 标准中的要求应使用要求性条款进行规定，提供指导应使用推荐性条款或陈述性条款，给出信息应使用陈述性条款。例如，GB/T 19011—2018 审核管理体系要求标准中，对审核员资格的要求采用要求性条款进行规定，对审核员应具备的能力和技能提供了推荐性条款和陈述性条款的指导。

6.1.3 在起草指南类管理体系标准时，其中的技术内容应遵守 GB/T 20001.7 的规定。例如，GB/T 19011—2018 审核管理体系要求标准中的审核指南部分需要遵守 GB/T 20001.7 中关于编写标准的规定，确保指南的技术内容规范、统一。

（5）结构

管理体系标准中，"组织环境""领导作用""策划""支持""运行""绩效评价"和"改进"是管理体系标准的核心技术要素。管理体系标准的各章编号和章标题应按照规定的先后次序设置，从"范围"开始，并且不允许增加章。除"封面""目次""参考文献"和"索引"等附加信息外，其他要素的构成应包含条款和附加信息。要素允许的表述形式包括条文、移作附录、图、表、提示和引用等。

示例：

一个管理体系标准的章节编号和标题设置如下：

1. 范围

2. 规范性引用文件

3. 组织环境

4. 领导作用

5. 策划

6. 支持

7. 运行

8. 绩效评价

9. 改进

附录 A　附加信息

其中，第 3 至第 9 章分别对应管理体系标准的核心技术要素。附录 A 则是附加信息，包含标准中不属于核心技术要素的补充内容，例如术语解释、示例等。

4. 十一个要素项的写作

（1）文件名称

1）制定跨行业管理体系标准的文件名称应该包含"管理体系"这个词，可以放在文件名称的主要部分或附加部分。

示例：

ISO 9001：2015 – 质量管理体系要求

ISO 14001：2015 – 环境管理体系要求

ISO 45001：2018 – 职业健康安全管理体系要求

2）特定行业的管理体系标准通常会规范性地引用跨行业的管理体系标准，因此其文件名称中宜包含所应用的跨行业管理体系标准的标准编号。这样的命名规则有利于标准的识别和分类。

示例：

《ISO/TS 16949：2016 – 质量管理体系—汽车生产及相关服务部件组织应用 ISO 9001：2015 的特殊要求》就是该特定行业管理体系标准所应用的跨行业管理体系标准的标准编号。

3）管理体系标准文件名称的补充元素中必须包含词语"要求"，而指导类管理体系标准文件名称的补充元素中必须包含词语"指南"。这样可以清晰地表明文件类型，方便用户识别和使用。

示例：

要求类管理体系标准：《ISO 9001：2015 – 质量管理体系要求》

指南类管理体系标准：《ISO 10002：2014 – 质量管理 客户满意度 指南》

(2) 引言

如果一个管理体系标准要设置引言，建议在引言中包含以下内容：包含但不限于管理体系的运行示意图；实施该管理体系所能实现的预期结果。

示例：

引言

本标准为建立和实施管理体系提供指南，旨在帮助组织管理风险、提高绩效并增强持续发展能力。本标准的应用可以帮助组织建立一套系统化的方法来识别、评估和控制风险，使组织能够更好地满足利益相关者的需求和期望。

本标准是基于××原则的，包括××、××和××。在实施管理体系的过程中，组织需要遵循本标准规定的各项要求，建立和维护适合自身的管理体系。

管理体系标准应该在组织的全体成员之间通行，并应该被视为不断改进的过程，不断寻求改善组织的管理和运营。通过实施本标准，组织可以实现更高水平的运营效率、更好的风险管理、更强的内部控制以及更高的可持续性绩效。

(3) 范围

"范围"是管理体系标准的第二章，应清楚地指明该标准所适用的特定主题和覆盖的方面,并明确适用的界限和是否适用于合格评定活动。对于要求类管理体系标准,应指明规定了哪些方面的要求,而对于指南类管理体系标准,则应指明提供了哪些方面的指导、建议或给出了哪些方面的信息。特定行业管理体系标准的范围还应指明所针对的特定行业。

示例:

例1:

本文件规定了在核能行业供应链中应用ISO 9001:2015的特别要求。

本文件适用于核能行业供应链中的组织。

本文件不适用于合格评定活动。

例2:

本文件规定了质量管理体系的要求。

本文件适用于任何类型、规模和性质的组织,无论是制造业还是服务业。

本文件适用于合格评定活动。

例3:

本文件规定了环境管理体系要求及使用指南。

本文件适用于任何类型、规模和性质的组织,无论是制造业还是服务业。

本文件不适用于合格评定活动。

(4)术语和定义

1)根据需要,可以参考GB/T 20001.11附录A中增加或更改术语和定义的注释。

2)如果一个管理体系标准使用了其他文件中已经界定的术语和定义,那么在该管理体系标准中应该使用适当的引导语,从GB/T 1.1中选择并替换掉核心内容中的引导语。这样做可以确保术语和定义在不同标准中的一致性,增强标准之间的互通性和可比性。

示例:

《ISO 45001:2018 – 职业健康与安全管理体系—要求及使用指南》中,定义了"职业健康安全风险"的概念和定义。如果在另一份管理体系标准中需要使用"职业健康安全风险"这个术语,那么就应该在该标准中明确引用ISO 45001中的定义,并在引用前使用适当的引导语,例如,"在本文中,'职业健康和安全风险'的定义见ISO 45001:2018,3.22中"。这样做可以确保术语和定义的一致性,避免出现混淆和误解。

(5) 组织环境

"组织环境"应设置为标准的第四章,并至少包含以下第一层次的条款。第一条为"理解组织及其环境",要求对组织的价值观、文化、战略、组织治理架构、业务模式等内部事项以及法律环境、技术发展趋势、经济形势、市场竞争形势等外部事项进行规定或提供指导和建议,为管理体系的策划、建立、实施和改进奠定基础。第二条为"理解相关方的需要和期望",要求规定或提供指导和建议以理解并确定适用于管理体系的相关方及其需要和期望,为确立管理体系的范围、识别风险和机会等奠定基础。第三条为"确定×××管理体系的范围",要求规定或提供指导和建议以界定组织所要建立的×××管理体系的边界和适用性。最后一条为"×××管理体系",要求规定或提供指导和建议以构建有效的×××管理体系的总体思路。

示例:

对于一家制造业公司,其组织环境包括内部事项和外部事项。内部事项可以包括公司的价值观、文化、战略、组织治理架构、业务模式等,这些都是影响公司发展的重要因素。外部事项可以包括法律环境、技术发展趋势、经济形势、市场竞争形势等,这些因素都会影响公司的生产和经营。

在理解相关方的需要和期望方面,公司需要了解客户、员工、股东、供应商、监管机构等相关方的需要和期望,以便为确立管理体系的范围、识别风险和机会等奠定基础。例如,公司需要知道客户对产品质量的要求、员工对工作条件的需求、股东对公司业绩的期望、供应商对合作方式的要求、监管机构对公司遵守法律法规的要求等。

在确定质量管理体系的范围方面,公司需要界定其质量管理体系的边界和适用性。例如,公司的质量管理体系的边界可能是整个公司或公司的特定部门或特定职能团队,公司需要根据自身的实际情况来确定质量管理体系的范围。

在构建有效的质量管理体系的总体思路方面,公司需要规定要求或提供指导/建议,以确保质量管理体系能够有效地运行。例如,公司可以制定质量目标、制定流程和程序、规定质量管理的职责和权限、对质量问题进行分析和改进等。

(6) 领导作用

要素"领导作用"指的是最高管理者在组织中对管理体系的领导和承诺。此要素应设置为管理体系标准的第5章,并至少包括以下三个方面的规定或指导/建议。

1) 领导作用和承诺。规定或提供指导/建议最高管理者应自行实施或在组织中指导实施的活动,以证实其对管理体系的领导和承诺。这些活动不一定需要最高管理者亲自实施,但最高管理者需要确保这些活动得以实施。在某些管理体系标准中,还会区分治理机构和最高管理者各自对于管理体系的领导和承诺。

2) ×××方针。规定或提供指导/建议如何确立组织的×××意图和方向。

3) 岗位、职责和权限。规定或提供指导/建议如何给相关岗位分配实施管理体系的职责和权限。

需要注意的是,以上规定或指导/建议适用于要求类管理体系标准和指南类管理体系标准,具体区别在于要求类管理体系标准规定要求,而指南类管理体系标准提供指导/建议。

示例:

假设某公司正在开发一个管理体系标准,其中第5章是"领导作用"。根据该标准的要求,这一章节需要规定或提供指导/建议最高管理者在组织中对管理体系的领导和承诺。该章节应至少包括以下三个方面的规定或指导/建议。

（a）领导作用和承诺。例如，最高管理者可以要求部门负责人提交定期的报告，以展示部门内部的管理体系落实情况。

（b）×××方针。例如，在某个电商公司的管理体系标准中，这个方针可以是针对可持续发展的目标和承诺。公司可以建立一个绿色环保小组来推进这个方针，并制定一些具体的目标和计划，以确保在经营过程中尽量减少对环境的影响。

（c）岗位、职责和权限。例如，在某个快递公司的管理体系标准中，这个规定可以是给质量管理部门和相关团队明确的职责和权限，以确保他们能够有效地推进和执行管理体系标准。

需要注意的是，具体的规定或指导/建议应根据不同组织的实际情况进行调整和定制。

（7）策划

管理体系标准中的"策划"要素中包括了三个部分。

1）应对风险和机会的措施。这部分规定了如何在战略层面上，明确需要根据什么、策划什么、达到什么目的，以制定应对风险和机会的具体措施。

2）目标及其实现的策划。这部分规定了如何确立目标并策划实现目标所需的行动，从而为管理体系的实施和改进打下基础。

3）针对变更的策划。这部分规定了如何规划管理体系变更的步骤和过程，以确保管理体系能够适应环境变化和不断发展的需求。

示例：

某制造公司决定在生产线上采用新的生产工艺，为了避免因新工艺带来的风险，他们进行了以下策划。

（a）确定可能出现的风险，如生产效率下降、生产成本增加等。

（b）评估每种风险的概率和影响程度。

（c）制定应对措施，如制定新工艺的操作规程、对员工进行培训、对设备进行调整等。

（d）设立监测机制，定期监测新工艺的运行情况，并对问题进行纠正和改进。

以上是一个策划应对风险和机会措施的例子，这个制造公司在制定新的生产工艺时考虑到了潜在的风险和机会，采取了相应的措施，最终保证了新工艺的成功推广和运行。

（8）支持

管理体系标准中的"支持"要素应设置为标准的第 7 章，并应至少分出以下第一层次的条目。

1）资源。说明如何确定和配置那些用于建立、实施、维护和改进管理体系的资源，这些资源通常包括人员、基础设施、工作环境、组织知识等。

2）能力。规定组织的人员需要具备的能力，以确保他们能够有效地建立、实施、维护和改进管理体系。

3）意识。规定组织的人员需要具有的意识，以确保他们理解和遵守管理体系的要求和政策。

4）沟通。规定如何围绕管理体系相关事宜进行内部和外部沟通，以确保有效的信息交流和沟通渠道。

5）文件化信息。规定管理体系中需要的文件化信息的创建、更新和控制等，以确保相关信息的准确性、及时性和可用性。

示例：

以下是对每个要素的举例。

（a）资源。一家制造公司为了建立和实施其质量管理体系，需要购买和配置一些新的设备和工具，并且需要安排员工进行相关的培训和教育，以确保他们了解和遵守质量管理的要求。

（b）能力。一家零售公司要求员工具有良好的客户服务技能，以确保他们能够处理客户投诉并提供高质量的服务体验。为此，该公司可能会提供客户服务培训和指导，以确保员工掌握所需的技能和知识。

（c）意识。一家医院的管理层希望提高员工对患者安全和医疗质量的意识，因此他们可能会提供培训和指导，以确保员工能够识别和报告可能的风险和问题,并采取适当的措施来预防或解决这些问题。

(d) 沟通。一家电子公司在开发新产品时需要与其供应商和客户进行沟通和合作。为了确保沟通的有效性,该公司可能会建立一个沟通计划,明确沟通的目的、方式、时间和参与者,并确保沟通的及时性和透明度。

(e) 文件化信息。一家保险公司需要记录和管理客户信息和索赔数据,以确保它们的管理体系符合相关法规和标准。为此,该公司可能会建立一个文档控制程序,明确文件的命名、格式、存储、访问和更新的要求,并确保文件的保密性和完整性。

(9) 运行

要素"运行"是标准的第8章,主要涵盖策划的实施和控制等运营过程。它包括已计划变更的实施、非预期变更的应对等方面,旨在确保策划的措施得以实施。针对不同的主题或行业特点,要素"运行"的内容可以按照运行逻辑进行设置。例如,质量管理体系标准按照产品和服务的识别与确定、设计和开发、过程控制、提供、放行等逻辑来规定运行要求。因此,要素"运行"关注的是管理体系的运作过程,以保证体系的有效运行和实现管理目标。

示例:

以 ISO 14001 为例,要素"运行"包括对环境管理体系的实施和操作控制的规定。具体包括:

(a) 环境目标和计划的实施。对如何实施环境目标和计划规定要求或提供指导/建议。

(b) 事故应急处理。对事故应急处理规定要求或提供指导/建议。

(c) 管理环境影响的操作过程。对如何操作控制规定要求或提供指导/建议。

(d) 预防和控制的管理程序。对预防和控制的管理程序规定要求或提供指导/建议。

(e) 紧急情况准备和响应。对环境管理体系中出现的紧急情况准备和响应规定要求或提供指导/建议。

(f）监控和测量。对环境管理体系的监控和测量规定要求或提供指导/建议，包括对环境性能的监控和测量，对污染物排放、废物产生和使用资源等的监控和测量。

（10）绩效评价

要素"绩效评价"的目的是确保管理体系的预期结果得以实现并不断改进。标准规定了以下三个条目。

1）监视、测量、分析和评价。标准要求组织如何监视、测量、分析和评价管理体系，以确保管理体系的预期结果按策划实现。这包括制定指标、收集数据、分析结果、制定改进措施等。

2）内部审核。标准要求组织如何策划、实施和维护内部审核，以检查管理体系是否满足管理体系标准和组织自身对管理体系设定的要求，是否按策划得以有效实施和维护。内部审核是管理体系运行的重要组成部分，通过内部审核可以发现问题并及时纠正，以确保管理体系的有效性和持续改进。

3）管理评审。标准要求最高管理者如何全面系统地评审管理体系。管理评审是对管理体系有效性的一次全面评估，旨在评估管理体系是否符合组织的战略和目标，并为管理层提供改进的建议。管理评审需要最高管理者的支持和参与，确保管理体系得到有效的评估和持续改进。

示例：

以下是一些关于绩效评价的例子。

（a）监视、测量、分析和评价。一个生产企业的绩效评价可能包括对产品的质量、生产效率、资源利用率、客户满意度等方面进行监视、测量、分析和评价。

（b）内部审核。一个医院的绩效评价可能包括对医疗质量、医疗安全、患者满意度等方面进行内部审核，以确保医院的管理体系得以有效实施和维护。

（c）管理评审。一个零售企业的绩效评价可能包括最高管理者全面系统地评审管理体系，以检查企业的市场表现、营收、利润等方面的表现，并提出改进建议,以确保企业达到预期的管理体系结果。

(11) 改进

要素"改进"是关于如何不断改进管理体系的规定或指导,应设置为标准的第10章,并应至少分出以下第一层次的条目。

1) 持续改进。规定或提供指导/建议如何进行持续改进管理体系。改进应着重关注管理体系的适宜性、充分性和有效性三个方面。适宜性指管理体系适合于组织的目标、运营、文化和商业体系的程度。充分性指管理体系满足适用性要求的程度。有效性指完成策划的活动和实现策划的结果的程度。

2) 不符合与纠正措施。规定或提供指导/建议,如何处理不符合管理体系标准和管理体系要求的情况。响应可能包括纠正现状、分析不符合标准产生的原因、策划必要的措施,实施策划的措施,对所采取的措施进行评价,以确认是否达到预期结果,对管理体系进行评价或必要的变更。

示例:

当组织在实施质量管理体系时,要素"改进"(Improvement)的主要目的是确保管理体系不断改进,以提高产品和服务的质量,提高客户满意度。

为了实现这个目的,该要素通常至少包括以下一些方面的规定。

(a) 持续改进。对如何不断改进管理体系规定要求或提供指导/建议。例如,组织应该采用适当的方法和工具对质量管理体系进行持续改进,如使用六西格玛(Six Sigma)方法、质量环境工程(Quality Environmental Engineering)方法等。

(b) 不符合与纠正措施。对不满足管理体系标准和管理体系要求时需要作出哪些响应规定要求或提供指导/建议。例如,当组织发现产品或服务出现缺陷或客户投诉时,应及时采取纠正措施,并分析原因,制定预防措施,以避免同类问题再次出现。

举一个具体的例子,假设某家电子公司实施了质量管理体系,其中包括要素"改进",该公司发现最近某一型号的电视机出现了频繁故障的问题,并收到了多个客户投诉。该公司可以采取以下步骤来解决这个问题。

(1) 收集相关数据，如故障率、故障类型、维修成本等，以便进行分析。

(2) 使用六西格玛或其他适当的方法，分析问题原因，如设计问题、生产过程问题、零部件质量问题等。

(3) 制定预防措施，如改进设计、改进生产过程、更换零部件等，以防止类似问题再次发生。

(4) 实施预防措施，并跟踪和监测效果，以确保其有效性。

通过这些步骤，该公司可以持续改进其质量管理体系，提高产品质量和客户满意度。

五、综合优化

在完成标准内容草案编写后，需要对整体结构和表述进行统一整理，以确保标准的逻辑性和一致性。这一过程包括强化章节逻辑、核实引用文件有效性、标注术语和文献出处、格式整理和校对全文内容等。通过不断完善标准文本，我们将得到本环节的优化标准。在此过程中，我们将通过调研和文献查找，不断地吸取各种意见和建议，以确保标准达到一个高质量起点。整体流程如图 2-12 所示。

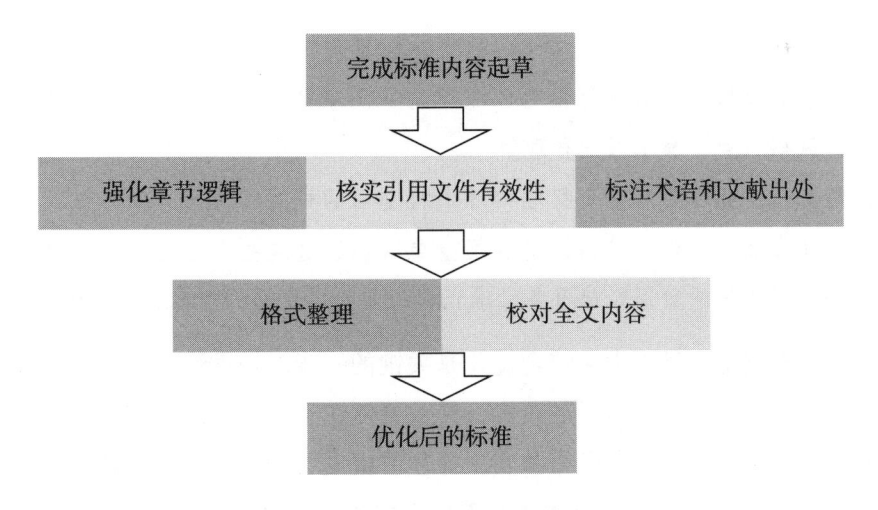

图 2-12 标准编写质量整体优化流程

示例：

假设某企业正在编写数据经纪服务标准，完成了标准内容草案的编写后，需要进行整体结构和表述的统一整理，以确保标准的逻辑性和一致性。这个过程包括以下几个步骤。

第一，企业需要对标准的章节逻辑进行强化，确保各章节之间的关联性和连贯性。例如，在数据经纪服务标准中，第一章可以介绍数据经纪服务的定义、范围和目的，第二章可以阐述数据经纪服务的流程和方法，第三章可以讲述数据经纪服务的质量控制等。这些章节应该按照一定的逻辑顺序排列，使得标准整体结构清晰明了。

第二，企业需要核实引用文件的有效性，确保所引用的文件与标准内容一致，且具有较高的权威性和可靠性。例如，数据经纪服务标准可能会引用国家相关法规、行业标准和技术规范等，企业需要对这些文件进行核实，确保引用内容的准确性和有效性。

第三，企业需要标注术语和文献出处，以确保标准内容的准确性和可靠性。例如，在数据经纪服务标准中，可能会用到一些专业术语和概念，企业需要对这些术语进行准确定义和解释，并标注出处，方便读者查阅相关文献和资料。

第四，企业需要对标准文本的格式进行整理，以确保标准的美观和易读性。例如，数据经纪服务标准可以采用统一的字体、字号和行距等，使得标准整体风格一致，易于阅读和理解。

第五，企业需要对整个标准内容进行全面的校对和修改，以确保标准的语言表述准确、清晰、简洁，符合规范要求。经过这些完善的过程，企业将得到一个高质量的数据经纪服务标准，为行业提供更好的规范和指导。

在标准制定的过程中，综合优化是关键的一步。经过综合优化后，我们可以获得一份高度可用的标准草案，其重要性在于为后续的标准制定程序如意见征求、论证、审定、发布和实施等环节提供帮助，推动标准制定过程的高效完成。一个高质量的标准草案不仅可以确保标准制定过程的顺利进行，还能为业界提供有效的指导。相反，标准草案不够优秀，则可能导致制定程序中出现不必要的质疑和修改，最终影响标准的质量和可靠性，甚至对业界产生不良影响。

因此，制定高质量的标准草案是标准制定过程中至关重要的一步。制定人员需要全面了解相关行业的需求和要求，从各方面考虑标准制定的因素，制定出尽可能优秀的标准草案。这需要制定人员投入大量的时间和精力，但这个过程的价值是不可估量的。一个高质量的标准草案可以确保标准制定过程的顺利进行，避免不必要的争议和误解，为业界提供有效的指导。

因此，综合优化不仅需要制定人员投入足够的精力和时间，还需要他们具备行业专业知识和标准制定的经验。只有这样，才能制定出高质量的标准草案，为业界提供有效的指导，推动整个标准制定过程的高效进行。

第四节 完善与提高

在标准制定过程中，相关方指的是直接或间接受到标准制定影响的各方，如行业组织、企业、技术专家、消费者等。征求其意见是制定高质量标准的重要保障。相关方能够提供专业的技术和实践经验、反映市场需求和行业现状，并提高标准的可接受性和权威性，使标准更好地被应用于实践。因此，在标准制定过程中，征求相关方意见是非常重要的一步，可以保障标准的科学性、实用性、可接受性和权威性，提高标准的实际应用效果。

除了征求相关方的意见，论证和审查也是非常重要的环节。论证是指对标准草案进行专家评审和讨论，以确定标准的技术可行性、适用性、实用性和先进性等方面的问题。通过论证，可以发现并解决标准草案中存在的问题和不足，提高标准的质量和权威性，同时增强标准的实用性和可操作性。审查的目的是确保标准草案的准确性、清晰度、规范性和一致性，使其符合法律法规和标准制定的要求，同时避免标准制定过程中的错误和偏差。因此，论证和审查环节的重要性不言而喻，它们有助于保证标准草案的技术可行性、规范性和准确性，提高标准的质量和可信度，最终能让标准被广泛接受和应用。

因此，这些方式都可以帮助在标准草案上进行提升和完善，以形成最终的发布标准。所以，组织相关方开展有效的意见征集和论证审查是标准进一步完善的关键。我们可从相关方的意见征求、论证和审查两个角度来论述这个过程。

一、相关方的意见征求

确定相关方需要考虑标准制定的领域、目的、范围和影响等因素。可以通过管理部门、行业协会、企业、专家组织、消费者代表等途径确定相关方，并邀请其加入标准制定的程序。在邀请相关方加入时，需要提供充分的信息和解释，让他们了解标准制定的意义和目的，以及自己的角色和参与方式。可以通过公告、邮件、电话等方式邀请相关方加入，同时提供相关资料和参与程序，让他们了解标准制定的具体流程和时间安排，以便按时参与和提供反馈意见。另外，需要注意的是，在邀请相关方加入时应该确保代表各方的权益平衡，避免个别利益过重或者群体利益受损。确定相关方后，进行内外部意见征求和处置是标准制定过程的关键环节。下面是一些常规做法：

（1）内部意见征求。在组织内部，可以邀请相关部门或个人参与标准制定过程，并征求他们的意见。可以通过邮件、会议、讨论等方式进行沟通和交流。内部意见征求的目的是使组织内部各个部门和人员对标准草案的认识和理解一致，并为标准的最终版本提供支持和认可。

（2）外部意见征求。在组织外部，可以邀请行业组织、企业、技术专家、消费者等相关方参与标准制定过程，并征求他们的意见。可以通过公告、调查问卷、专家论证会等方式进行沟通和交流。外部意见征求的目的是获取来自各个领域的专业知识和经验，并从多个角度、不同层面收集反馈和建议，进一步完善和优化标准草案。

（3）意见处置。在征求相关方的意见后，需要对收到的意见进行筛选、分类、整理和分析。可以根据意见的性质和重要性，将其分为采纳、部分采纳和不采纳等类别。采纳的意见必须纳入标准制定过程中，并在标准草案中作出相应修改。部分采纳的意见可以作为参考，根据实际情况决定采纳多少。

在修改标准草案时，需要注意保持标准的科学性、可操作性和实用性，使修改后的标准能够满足各方的需求和期望。

（4）意见反馈。意见处置后，需要将修改后的标准草案再次反馈给相关方，并征求其对修改结果的反馈和意见。可以通过公告、邮件、会议、讨论等方式进行沟通和交流，以确保修改后的标准草案符合各方的期望和需求。

综上所述，内外部意见征求和处置是标准制定中不可或缺的环节，能够促进标准的科学性、可操作性和实用性，提高标准的质量和可信度，最终使标准能够被广泛接受和应用。

二、论证和审核

论证和审核是标准制定中不可或缺的关键环节，它们在提升标准质量和可信度方面发挥着重要作用。首先，论证和审核可以增进标准草案的科学性、实用性和规范性，从而提高标准的质量和权威性。其次，论证和审核能够反映市场需求和行业现状，促进标准的及时性和前瞻性。最后，论证和审核还有助于提高标准的可信度和可接受性，使标准更好地应用于实践。为了完善标准和提升质量，论证和审核需要做出以下努力。

（1）论证标准的技术可行性和先进性。专家可以通过技术评审和讨论，发现并解决标准草案中存在的问题和不足，确保标准的技术可行性和先进性。

（2）论证标准的适用性和实用性。专家可以从实际应用的角度出发，对标准草案进行评估和调整，增强标准的适用性和实用性。

（3）提高标准的质量和权威性。通过审核，可以对标准草案进行全面评审和审核，提高标准的质量和权威性。

（4）确保标准符合标准制定的要求和标准规范。通过审核，可以检查标准草案的内容、形式和语言是否符合标准制定的要求和标准规范。

（5）提高标准的可信度和可接受性。通过论证和审核，充分征求各方意见，采纳意见和建议，提高标准的可信度和可接受性。

综上所述，论证和审核是推动标准完善和提升质量的重要手段，能够增进标准的科学性、实用性、规范性、权威性、及时性和前瞻性。

三、示例

综合以上相关方的意见征求和论证与审核的论述，我们可以通过一个例子进行理解。

示例：

假设某个行业协会已经前期完成了一项关于食品添加剂的标准草案。在确定相关方时，该协会邀请了来自食品生产企业、食品监管部门、技术专家、消费者代表等不同领域的相关方征求意见参与标准论证、审核制定过程。

- 在内部意见征求环节，协会邀请了食品生产企业的生产、销售、品质等多个部门的代表，对标准草案进行了评估和讨论，并提出了一些意见和建议。

- 在外部意见征求环节，协会开展了在线调查和专家论证会，邀请了广泛的相关方参与，收集了大量的反馈意见和建议。

- 在意见处置环节，协会对收到的意见进行了分析和整理，将采纳、部分采纳和不采纳的意见分类，并对标准草案进行了相应修改。

- 在论证和审核环节，协会邀请了多位技术专家和食品生产企业的质量管理人员，对修改后的标准草案进行了技术评审和全面审核。

经过一系列的完善和优化，该标准最终被制定并发布，得到了广泛的应用和认可。在这个过程中，相关方的意见征求反馈和论证与审核得到了有效的落实。

第三章

持续改进

思考就是行动。

——爱默生

第三章 持续改进

第一节 概　述

标准发布后的持续改进是使标准持续有效、符合实际需求和推进技术进步的重要环节。一方面，标准在发布后需要持续监测和评估其实际效果，了解标准在实际应用中存在的问题，及时进行调整和改进。另一方面，随着技术的不断发展和市场需求的不断变化，标准需要与时俱进，进行定期更新和修订，以适应新的技术和市场变化，同时推动技术进步和行业发展。

标准持续改进的方式包括以下几个方面。首先，通过对标准的实际应用情况进行监测和评估，了解标准在实际应用中的现实状况和存在的问题，并有针对性地进行改进。其次，定期对标准修订和更新，使其适应新的技术和市场变化，推动技术进步和行业发展。同时，还可以与国际标准组织和行业协会进行合作，共同制定标准，提高标准的全球适用性和权威性。

总之，标准发布后的持续改进是使标准持续有效、符合实际需求和推进技术进步的重要环节，可有效提高标准的质量和可信度，推动标准的广泛应用和行业的发展。

一、一般流程

标准的应用改进是继续提高标准文本质量的一个重要途径。常见的是，标准条文和实际使用中出现的不一致，这应当得到合理处置，或改变现实行为，或改变标准条文，使得标准能够按预期目标有效贯彻。比如某个国家制定了一项环境保护的标准，其中规定了企业必须采取特定措施来减少污染物的排放。但在实际执行中，有些企业可能没有完全按照标准的要求来采取措施，导致污染物的排放量仍然很高。此时，可以通过对企业进行监督检查，发现问题督促整改，以达到标准规定的目标。同时，还可以对标准条文进行修订，以更好地反映现实情况，并更加有效地推动企业的环保行为。这样，标准的实施改进就成为提高标准文本质量的一个重要途径。标准的实施改进是一个动态的过程，常见流程如图 3-1 所示。

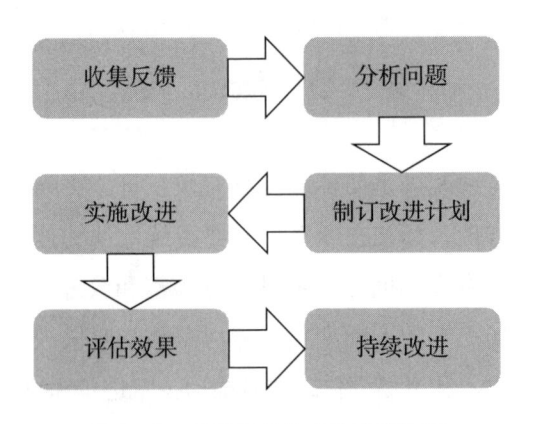

```
┌──────────┐  ➡  ┌──────────┐
│ 收集反馈 │     │ 分析问题 │
└──────────┘     └────┬─────┘
                      ⬇
┌──────────┐  ⬅  ┌──────────┐
│ 实施改进 │     │制订改进计划│
└────┬─────┘     └──────────┘
     ⬇
┌──────────┐  ➡  ┌──────────┐
│ 评估效果 │     │ 持续改进 │
└──────────┘     └──────────┘
```

图 3 – 1　常见标准的实施改进流程

在图 3 – 1 中，整体阐述了标准在应用实施中进行改进的全过程，每个环节说明如下。

（1）收集反馈。在标准实施过程中，收集来自各方的反馈，了解标准的实际应用情况和问题，包括不一致的条文、不适用的内容等。

（2）分析问题。分析收集到的反馈信息，确定问题的性质、影响范围和严重程度，分析导致问题的原因和根源。

（3）制订改进计划。针对分析出的问题，制订相应的改进计划，包括修改标准文本、提供培训、完善配套文件等。

（4）实施改进。根据改进计划，逐步实施改进措施，对标准进行修订或更新，提供相应的培训和指导，完善标准实施的配套文件。

（5）评估效果。对改进后的标准进行评估，检查修订后的标准文本是否能够解决原有的问题，检查标准的实施是否得到改善，以及改进是否达到预期效果。

（6）持续改进。根据评估结果，持续改进标准，包括针对问题的再次修订、提供更加详细的培训和指导等，不断提高标准的质量和实施效果。

以上是标准实施改进的一般流程，不同标准和实际情况可能有所不同。在实施改进的过程中，需要密切关注市场和行业的变化，及时修订和更新标准，以使标准的实施和应用能够适应市场和行业的需要。本书关注两个重点，一是实施检查，二是评价改进。

二、工作依据

标准的实际应用是检验标准质量的最终评估,也是意见反馈的重要途径。应用过程中,用户会反馈标准存在的问题和不足,这对标准制定机构来说是非常有价值的。通过这些反馈信息,标准可以得到迭代修订,更好地满足实际需要。同时,在标准应用过程中,观察各方反应和态度也有助于提高标准质量和可信度。标准的实际应用不仅是对标准质量的检验,也是标准持续改进的重要环节。通常情况下,以下国家标准提供了可行的标准应用评价和改进方法,具体标准的范围如下。

(一)GB/T 35778—2017《企业标准化工作 指南》

本标准给出了企业标准化工作策划、企业标准体系构建、企业标准制(修)订、标准实施与检查、参与标准化活动、评价与改进、标准化创新、机构、人员与信息管理的指南。

本标准适用于企业开展标准化工作。

(二)GB/T 19273—2017《企业标准化工作 评价与改进》

本标准规定了企业标准化工作评价与改进的术语和定义、原则与依据、基本要求、策划、实施、结果与管理以及改进要求。

本标准适用于企业自我评价与改进和第三方评价,第二方评价可参照执行。

(三)GB/T 24421.4—2023《服务业组织标准化工作指南 第4部分:标准实施及评价》

GB/T 24421 的本部分给出了服务业组织标准实施、标准实施评价及标准体系评价的要求。

本部分适用于服务业组织标准实施,并对标准实施和标准体系进行评价。

第二节 标准的实施检查

实施检查是指对标准的实际应用情况进行监督和检查,以确保标准得到正确实施和有效落实。实施检查可以检测标准的执行情况，发现标准在实际应用中存在的问题，提高标准的实施效果，增强标准的权威性和可信度。通过实施检查，标准制定机构可以发现标准的缺陷和不足，及时进行修订和改进，以提高标准的质量和可信度，从而对标准的持续改进起到非常重要的作用。

一、实施过程

标准的应用实施通常需要考虑以下六个方面：标准分发、标准化培训、作业文件构建、关键指标实现、日常运作维护和记录保留。这些方面涵盖了标准应用实施的整个过程，包括标准的传播和推广、培训和教育、作业文件的制定和应用、关键指标的监控和评估、日常运作的维护和记录的保留等。同时，这些要求的达成也是保证标准有效实施和持续改进的基础和保障。

（一）标准分发

标准分发是确保实施标准的相关部门和人员得到相应标准的重要步骤。通过合理的分发机制，可以确保标准文本在应用中得到正确的理解和使用，提高标准实施的效果和可行性。同时，标准分发还可以促进标准的推广和普及，提高标准的认可度和可信度，推动标准在行业和社会的广泛应用。

（二）标准化培训

进行必要的标准化与专业技术培训是保证标准实施有效的关键步骤。对于标准的实施人员，需要具备标准化和专业技术的知识和能力，才能正确理解和应用标准。因此，标准化和专业技术培训的开展是非常重要的，可以提高标准实施人员的素质和能力，保证标准的正确实施和有效落实。同时，标准化和专业技术培训还可以推动标准的普及和应用，提高标准的知晓率和认可度，促进标准在各行业的广泛应用。

（三）构建作业文件

将标准规定的要求转化为可视化形式可以提高实施效率和效果。例如，可以将要求转化为流程图、作业卡以及以信息技术为支撑的人机交互系统等形式。这样做可以帮助操作人员更好地理解标准要求，减少误解和偏差，并且可以更加方便地进行实际操作和监督检查。此外，可视化形式也便于记录和分析实施过程中的数据，帮助实现标准要求的持续改进和提高实施效果。

（四）关键指标实现

落实标准中的特定要求是确保标准得以有效实施的关键之一。具体来说，落实标准中的特定要求需要在实际操作中将这些要求转化为具体的关键点，然后针对这些关键点制定相应的保障措施。例如，针对标准中有关产品质量的要求，可以制定相应的检验标准和检验方法，确保产品符合标准要求；针对标准中有关安全的要求，可以制定相应的操作规程和安全措施，保障操作过程中的安全；针对标准中有关环保的要求，可以制定相应的排放标准和处理方法，保护环境。通过这些措施的落实，可以确保标准的要求得以有效实现。

（五）维持日常运作

应用方可参照 GB/T 15496—2017 第 6 章的规定，基于系统化架构建立和运行标准体系，以确保标准的全面实施和连贯有效。可在标准体系框架中实现包括标准分发、培训、作业文件、关键指标达成、日常运作和记录保留等工作。通过标准体系的运作，企业可以将标准要求落实到关键点并采取相应措施，保障质量、安全、环保等方面的特定要求得到满足。

（六）保留记录

按照标准要求记录和保存实施证据是保证标准实施有效性和可追溯性的重要环节。具体实施中，应当根据标准规定，及时记录和保存实施证据，包括记录表/卡、音/视频、照片等信息，以及通知、报告、计划等工作文件。记录表/卡应按照标准要求进行设计，能够反映记录时间、内容和记录人等相关信息，便于对标准实施情况进行评估和追溯。通过记录和保存实施证据，可以帮助企业管理者发现标准实施中存在的问题，及时采取措施进行整改，提高标准实施的有效性和可持续性。

二、监督检查

对标准应用实施进行监督检查通常需要从以下六个方面考虑：确定监督检查内容、明确检查方式、制订计划安排、组织检查实施、丰富核查手段、记录核查结果。通过这些措施，可以确保标准得到正确实施和有效落实，同时也可以发现和解决实际应用中存在的问题和不足，提高标准的实用性和可信度。

（一）确定监督检查内容

监督检查内容应当包括以下方面：
(1) 标准实施所需的资源是否满足标准要求；
(2) 关键控制措施是否完备；
(3) 使用者对标准的掌握程度；
(4) 岗位人员是否按照标准要求执行作业流程；
(5) 作业活动是否符合标准要求并产生预期结果。

（二）明确检查方式

为了确保标准的有效实施，监督检查应该根据实际情况，采取定期检查或不定期检查、重点检查或普遍检查等不同形式，确保对关键领域、重要环节、重点人员进行全面、有针对性的监督检查。同时，也可以与其他管理体系的内、外部审核配合，形成互动、相互促进的监督机制，提高监督检查的实效。

（三）进行计划安排

确定检查计划是监督检查的重要步骤，有助于明确检查目标、内容和方式，避免盲目检查和浪费资源。在制订检查计划时，应考虑到实际情况和需求，包括监督检查的周期、范围、方法、标准、标准依据、检查依据等，以确保检查能够顺利进行，及时发现问题提出改进建议。在计划制订过程中，还应充分考虑利益相关方的需求和利益，充分征求各方意见和建议，以确保计划的合理性和可行性。

(四) 开展组织检查

监督检查可以成立专门的组织,也可以由标准化工作机构根据计划安排进行组织和实施。

(五) 丰富核实手段

监督检查的手段应该根据监督检查的内容和要求确定,综合考虑实施效果、成本和效率等因素。通常可采用以下几种手段。

(1) 现场查看与问询。对实施标准的场所、设备、作业流程和人员进行现场查看和问询,了解实施情况和存在的问题,判断标准实施的合格率和有效性。

(2) 对记录的数据进行核实与分析。对标准实施过程中记录的数据进行核实和分析,比对标准要求和实际情况,发现不符合标准要求的问题,及时提出改进意见和建议。

(3) 运用技术或其他方法进行验证。运用技术手段如实验室检测、设备测试、模拟分析等验证标准实施的符合性和有效性,发现存在的问题并提出改进措施。

以上方法可以单独或综合使用,根据具体情况灵活选择,以提高监督检查的效果和准确性。

(六) 保留核查记录

监督检查结果应记录并形成文件,成为考核和改进的依据,并进行相应的处置。如果标准内容不符合实际需要,应及时进行修订或废止;如果标准内容符合要求,但相关部门执行不力,需要采取措施加强标准的执行力。

示例:

某电子产品制造公司生产一款名为"Smart TV"的电视机。以下是企业产品生产过程中的详细步骤和时间安排:

(一) 确定监督检查内容

1. 标准实施所需的资源是否满足标准要求;
2. 关键控制措施是否完备;

3. 使用者对标准的掌握程度;

4. 岗位人员是否按照标准要求执行作业过程;

5. 作业活动是否符合标准要求并产生预期效果。

(二) 明确检查方式

采用不定期检查和重点检查的方式,对关键领域、重要环节、重点人员进行全面、有针对性的监督检查。同时,结合其他管理体系的内、外部审核,形成互动、相互促进的监督机制,提高监督检查的效果和实效。

(三) 进行计划安排

制订检查计划,考虑到实际情况和需求,包括监督检查的周期、范围、方法、标准、标准依据、检查依据等,以确保检查能够顺利进行,有效地发现问题和提出改进建议。计划制订过程中,充分考虑利益相关方的需求和利益,充分征求各方意见和建议,以确保计划的合理性和可行性。例如,制订计划时可能需要1周时间,会议讨论次数为2次,参与人员包括制造、质量和市场部门的负责人。

(四) 开展组织检查

成立由质量管理部门负责的专门的组织,对 Smart TV 生产过程进行监督检查。检查时间为每个季度结束时,检查周期为1个月,每个月检查不同的生产环节。

(五) 丰富核实手段

1. 现场查看与问询。对实施标准的场所、设备、作业过程和人员进行现场查看和问询,了解实施情况和存在的问题,判断标准实施的符合性和有效性。例如,检查时可以前往生产车间,现场查看和询问制造人员的作业过程和使用的设备。

2. 对记录的数据进行核实与分析。对标准实施过程中记录的数据进行核实和分析,比对标准要求和实际情况,发现不符合标准要求的问题,提出改进意见和建议。例如,对 Smart TV 生产过程中的质量检测数据进行分析,发现某个环节的质量不达标,导致产品存在一定缺陷。针对这个问题,可以采取改进措施,例如,增加该环节的检测频率、优化该环节的工艺流程、加强员工培训等方式，以提高产品质量。监督检查部门可以将这些发现和改进措施记录在报告中，并向相关部门反馈，协助其解决问题。这些报告可以成为未来改进标准的依据，以确保标准更加实用和可靠。例如，每季度对 Smart TV 生产流程进行一次质量监督检查，针对每个环节的质量检测数据进行分析，对不符合标准要求的问题提出具体的改进建议和措施，记录在监督检查报告中，定期汇总分析，以确保产品质量不断提高。

（六）保留核查记录

对于监督检查的每个环节，需要将检查内容、方式、时间、地点、结果以及提出的改进意见和建议等记录并形成文件，以便后续参考和分析。同时，需要确保这些记录的可追溯性和保密性，避免信息泄露和损害利益相关方的权益。

在记录方面，可以采用现代化的信息化手段，如电子记录、云存储等方式进行管理和归档，以提高记录的效率和可靠性。在保留核查记录的过程中，还需要建立相关的档案管理制度，对记录进行分类、编码、存储、查询和销毁等处理，确保记录的完整性和准确性。

保留核查记录不仅是对监督检查的总结和归纳，更是对企业产品生产质量的监督和管理的重要依据。通过记录的归档和分析，可以及时发现和解决生产过程中存在的问题和不足，不断提高产品质量和企业的核心竞争力。

第三节 标准的评价改进

评价改进是指对标准实施效果进行评估，并根据评估结果提出改进建议。评价改进对于标准改进的作用非常重要。首先，评价改进可以确认改进措施的有效性和成效，为制定更好的标准提供依据和经验。其次，评价改进可以发现标准在实际应用中存在的问题，提供改进的方向和思路。最后，评价改进可以增强标准的可信度，证明标准得到了正确实施和有效落实，从而增强标准的权威性和可信度。最重要的是，评价改进可以促进标准的持续改进，提高标准的质量和实用性。因此，评价改进是标准持续改进的重要环节，应该充分重视和推广。结合评价改进，标准修订就可以有效地进行。

一、应用评价

开展评价是指围绕标准的实施效果,对标准的各章节进行评估,发现问题及时提出改进建议。评价的具体内容包括但不限于以下几个方面。

(1) 对标准的实施效果进行评估,通过定量和定性的分析方法,对标准的实施情况和效果进行量化分析,了解标准实施的具体情况和存在的问题,为提出改进建议提供依据。

(2) 对标准的各章节进行评估,深入了解标准内容的实际应用情况,找出标准中存在的不足和问题,对标准进行全面的评估和分析。

(3) 形成问题清单和改进建议,对评估中发现的问题进行分类和梳理,明确改进方向和目标,提出具体的改进建议和实施方案,为标准的持续改进提供具体的思路和方向。

(4) 建立反馈机制,及时将评价结果反馈给标准制定机构和标准应用单位,推动标准的持续改进和实施,同时,对评价过程中发现的问题和不足进行总结,完善评价方法和流程,为以后的评价工作提供借鉴和参考。

综上所述,开展评价是标准持续改进的重要环节,通过对标准的实施效果进行评估和分析,发现标准存在的问题和不足,提出具体的改进建议和实施方案,从而促进标准的不断完善和提高,确保标准能够更好地服务于社会和经济的发展。

示例:

某公司引入了一项新的环保标准,要求在生产过程中减少废气排放。为了评估该标准的实施效果,公司组织了相关人员对标准的各个章节进行评估。

在评估过程中,他们发现生产车间的废气处理设施并不完备,导致废气排放无法达到标准要求。同时,部分员工对标准的掌握程度不够,没有完全理解标准的要求,从而未能有效执行标准。

经过全面评估和分析,他们形成了问题清单,包括废气处理设施不完备、员工对标准的理解程度不足等。针对这些问题,他们提出了改进建议和实施方案,包括升级废气处理设施、加强员工培训和管理等。

评价结果及时反馈给了标准制定机构和应用单位，推动标准的持续改进和实施。同时，评价过程中的发现和总结也为以后的评价工作提供了借鉴和参考。通过评价改进的实践，该公司的环保标准得到了有效推行和落实，从而为公司的环保事业做出了积极贡献。

二、标准修订

开展评价和标准修订是标准持续改进的两个关键环节，它们之间存在着密切的关联。评价是对标准实施效果的评估和分析，发现存在的问题并提出改进建议，可以为标准修订提供具体的参考和方向。而标准修订则是针对评价结果中发现的问题和不足，通过对标准进行修改、更新和完善，提高标准的质量和实用性，促进标准的持续改进和优化。具体来说，评价结果可能发现标准存在的不足和问题，如标准内容不完善、实施难度大、执行效果差等。这些问题需要通过标准修订来解决，包括对标准的章节、内容和结构进行修改和完善，以使标准更好地适应实际需求和使用情况。标准修订的过程中，需要考虑评价结果中提出的改进建议和实施方案，综合各方面因素，进行综合优化，最终形成高质量的标准版本。

另外，标准修订也可以通过开展评价来验证其效果和实施情况，例如对修订后的标准进行实地检查和问卷调查，了解标准的实际应用情况和改进效果，从而再次确认标准的可行性和有效性。因此，开展评价和标准修订是相互关联、相互促进的两个环节，只有相互配合、协同推进，才能保证标准持续改进的质量和效果。

标准修订本质上是一个解决"标准存在问题"的标准制定，所以可以继续采用5步法来起草修订文本。并按照一般标准制/修订程序在不同环节中不断迭代提升质量。结合评价中发现的问题和不足，对标准进行全面的评估和分析，并提出具体的改进建议和实施方案，从而促进标准的不断完善和提高。

标准修订的过程中，一般按照标准制/修订程序进行。其中的标准起草部分，首先需要确定修订的主题和目的，对标准进行全面的分析和评估，找出标准中存在的问题和不足。其次选择适当的修订类型和方法，结合实际情况进行修订。再次设定标准的结构和内容，对标准的章节和条款进行修改和调整。又次进行标准的内容补充，确保标准的完整性和逻辑性。最后进行综合优化，对标准进行全面的检查和审核，确保标准的质量和实用性。在标准修订的过程中，需要不断迭代提升质量。在每个环节中，都要对标准进行全面的评估和分析，找出存在的问题和不足，及时进行改进和优化。同时，需要加强与相关部门和专家的沟通协作，充分听取各方面的意见和建议，提高标准的可行性和可接受性。只有通过不断的迭代和优化，才能最终形成高质量的标准版本，为社会和经济的发展提供有力的支持和保障。

示例：

假设某地区有关防灾减灾的标准存在以下问题。

1. 标准内容过于简单，难以指导实际工作；

2. 标准未考虑当地的地理特点和气候条件，无法应对当地的防灾减灾需求；

3. 标准制定时间过久，未考虑新技术和新理念的应用。为了解决这些问题，需要进行标准修订。

首先，确定修订主题和目的，即将现有防灾减灾标准进行修订，以更好地适应当地实际需求，提高标准的质量和实用性。其次，选择适当的修订类型和方法，结合实际情况进行修订。例如，可以邀请当地专家参与，对标准进行评估和分析，以确保标准的实用性和可操作性；设定标准的结构和内容，对标准的章节和条款进行修改和调整，加入当地的地理特点和气候条件；进行标准的内容补充，增加相关技术和理念的应用，确保标准的完整性和逻辑性。最后，进行综合优化，对标准进行全面的检查和审查，以确保标准的质量和实用性。

在标准修订的过程中，需要不断迭代提升质量。针对评价中发现的问题，对标准进行全面的评估和分析，并提出具体的改进建议和实施方案，从而促进标准的不断完善和提高。同时，需要加强与当地防灾减灾相关部门和专家的沟通和协作，充分听取各方面的意见和建议，提高标准的可行性和可接受性。最终，通过不断地迭代和优化，形成适用于当地实际需求的高质量防灾减灾标准，有效保障公众生命财产安全。

附录 1 课程习题

简介：

本部分将通过一系列简答题练习，对标准的各个方面的概念、制定流程、起草方法，以及不同类型标准的编写等进行理论巩固练习。您将通过解答各种练习题，深入掌握标准的基本知识和编写技巧，加深对不同类型标准的理解和应用。通过习题练习，您将能够更加熟练地掌握标准知识，提高标准制定的能力，更好地为企业质量管理和产品竞争力提升提供支持。

预期效果包括：

• 基本掌握标准的基本概念、制定流程、起草方法以及各类型标准的制定；

• 掌握试验方法标准、规范标准、规程标准、指南标准、评价标准、产品标准和管理体系标准的基本知识和理论技巧；

• 能够通过练习提高对标准实施和改进的理解和应用；

• 提高标准制定和实施能力，为企业质量管理和产品竞争力提升提供支持。

练习 1 标准的概念与制定流程

1. 什么是标准？
2. 标准的分类有哪些？
3. 标准的制定目的是什么？
4. 标准的起草应满足哪些基本要求？
5. 标准制定中的评审委员会有什么作用？
6. 标准发布后如何实施管理？
7. 标准的起草工作由谁负责？
8. 标准制定一般包括哪些步骤？请简要描述每一步骤的作用。
9. 请列举制定标准的常见机构或组织。
10. 什么是标准化技术委员会？其作用是什么？

练习 2　GB/T1.1 与标准起草 5 步法

1. GB/T1.1 标准名称是什么？有什么作用？
2. GB/T1.1 适用于哪些领域的标准？
3. GB/T1.1 对标准命名规则有什么规定？
4. GB/T1.1 规定了标准的哪些通用要求？
5. GB/T1.1 对标准编写中应遵循的原则有哪些？
6. 5 步法包括哪些步骤？
7. 确定主题是有什么作用？
8. 标准可以按照哪些不同类型进行编写？
9. 在设定结构时，需要充分考虑哪些因素？
10. 综合优化步骤的内容是什么？作用是什么？

练习 3　试验方法标准的编写

1. 什么是试验方法标准？
2. 试验方法标准的作用是什么？
3. 试验方法标准的编写依据是什么？
4. 试验方法标准的适用范围应该如何确定？
5. 试验方法标准中的试验步骤应该如何描述？
6. 试验方法标准中的试验结果应该如何处理和分析？
7. 试验方法标准的编写需要哪些专业技术人员的参与？
8. 试验方法标准中的试验内容应该包括哪些方面？
9. 试验方法标准的发布对于产品质量的提升有什么作用？
10. 试验方法标准的使用应该注意哪些事项？

练习 4 规范标准的编写

1. 什么是规范标准?
2. 规范标准的主要作用是什么?
3. 规范标准中的内容一般包括哪些方面?
4. 规范标准一般有哪三种类型?
5. 如何增强规范标准的有效性?
6. 规范标准的编写者需要具备哪些专业背景和技能?
7. 如何确保规范标准的适用性和可行性?
8. 制定规范标准的过程中,如何处理各方的不同意见和利益冲突?
9. 规范标准的实施应该注意哪些问题?
10. 规范标准和产品标准的关联和区别是什么?

练习 5 规程标准的编写

1. 什么是规程标准?
2. 规程标准与规范标准的区别是什么?
3. 规程标准适用于哪些领域?举例说明。
4. 规程标准的主要内容包括哪些方面?
5. 规程标准的适用范围是什么?
6. 规程标准编写的作用是什么?
7. 规程标准编写的过程中,如何保证相关人的有效参与?
8. 规程标准的编写需要哪些专业技能知识?
9. 规程标准的实施效果如何监测和评估?
10. 规程标准的编写需要哪些沟通和协调技巧?

练习 6　指南标准的编写

1. 什么是指南标准？
2. 指南标准的编写目的是什么？
3. 指南标准的内容包括哪些方面？
4. 指南标准有哪些类别？
5. 如何确定指南标准的结构和章节？
6. 如何保证指南标准的质量？
7. 指南标准如何命名？
8. 指南标准如何准确地翻译？
9. 指南标准的条款表述有哪几类，要求如何？
10. 指南标准的总则和具体条款有什么关系？

练习 7　评价标准的编写

1. 什么是评价标准？
2. 为什么需要制定评价标准？
3. 评价标准针对的对象类型主要有哪些？
4. 评价标准的内容应包括哪些方面？
5. 评价标准中的总体原则或总体要求如何编写？
6. 举例说明评价标准的应用场景有哪些。
7. 评价标准的评价指标体系如何构建？
8. 评价标准中评价报告的构成有什么？
9. 评价标准中有几种可用的评价指标取值方法？
10. 评价标准的编写需要考虑哪些可操作性和可行性问题？

练习 8　产品标准的编写

1. 什么是产品标准？
2. 产品标准的主要作用是什么？
3. 产品标准中的分类是如何规定的？
4. 产品标准中的技术要求应当包括哪些方面？
5. 产品标准中的性能和特性要求如何编写？
6. 产品标准中的检验方法应当如何编写？
7. 如何开展产品标准的检验规则编写？
8. 产品标准中的包装、运输和储存应当考虑哪些因素？
9. 产品标准中的工艺和工装应当如何规定？
10. 产品标准和服务标准编写的关联和区别是什么？

练习 9　管理体系标准的编写

1. 什么是管理体系标准？
2. 管理体系标准的作用是什么？
3. 管理体系标准的改进过程是什么？
4. 管理体系标准的结构是怎么组成的？
5. 管理体系标准中，领导作用是什么，为什么它很重要？
6. 什么是管理体系标准中的策划，它包括哪些内容？
7. 在管理体系标准中，什么是支持，它包括哪些内容？
8. 什么是管理体系标准中的运行，它包括哪些内容？
9. 什么是管理体系标准中的绩效评价，它包括哪些内容？
10. 在管理体系标准中，什么是改进，它包括哪些内容？

练习 10　标准的实施改进

1. 什么是标准实施改进？
2. 为什么组织要实施标准实施改进？
3. 什么是标准实施检查？
4. 标准实施检查的目的是什么？
5. 标准实施检查中关键指标实现怎么进行？
6. 标准的应用通常需要考虑哪些方面？
7. 标准的监督检查通常需要考虑哪些方面？
8. 标准的监督检查为什么要保留核查记录？
9. 标准的应用评价包括哪些内容？
10. 如何开展标准的修订？

附录 2

课程实训

简介：

本部分涵盖了标准的概念、制定流程以及各类标准的制定方法和实施改进等内容。通过相关的实操训练，您将进一步理解标准的重要性以及标准的各个要素，掌握标准写作的方法和流程，并且能够运用所学知识实践制定各种类型的标准。同时，您还将学会如何进行标准的实施改进，提高标准的实用性和效能。

预期效果包括：

- 熟悉标准的概念和标准制定的基本要素。
- 掌握 GB/T1.1 与标准起草 5 步法，能够独立起草符合国家标准要求的标准文本。
- 熟悉各种类型标准的制定方法，如试验方法标准、规范标准、规程标准、指南标准、评价标准、产品标准、管理体系标准等。
- 能够运用所学知识实践制定各种类型的标准。
- 熟悉标准的实施改进方法，能够评估标准的实用性和效能，并提出改进意见。

训练 1　明确标准化对象——梳理有效问题

1. 操作目的

通过实际操作训练，掌握梳理可制定标准解决存在问题（标准化对象）的方法和步骤，提高聚焦问题的效率和质量。

2. 操作器材

电脑、网络、WPS/Word 等文字编辑工具。

3. 操作步骤

（1）梳理本单位存在的问题，确定哪些问题适合用制定标准的方法解决。

（2）针对需要制定标准解决的问题，明确您职责范围内需要解决的问题。

（3）确定问题的相关人和受益者，包括问题所涉及的人员、部门和利益相关者。

（4）对标准层次进行确认，确定标准的制定层次和范围。对于国际、国家、行业、地方、团体或企业等不同标准层次，涉及的标准质量和实用性也不同。

（5）形成《标准化对象——×××》，提交给任课老师，等待安排互动讨论。

4. 注意事项

（1）制定标准前需要对存在的问题进行深入的思考、调研和分析，确保问题的准确性和实用性。

（2）制定标准需要考虑到相关部门和利益相关者的利益和需求，应有达成共识的可行性。

（3）实际操作训练结束后需要对过程和结果进行总结和反思，查找不足之处并加以改进，提高问题梳理的质量和效率。

训练 2 了解 GB/T 1.1——快速编写一个简单标准

1. 操作目的

了解 GB/T 1.1 的基本概念和规范要求，掌握如何正确地使用 GB/T 1.1 标准的方法，形成对格式的基本编写的认知。

2. 操作器材

电脑、网络、WPS/Word 等文字编辑工具。

3. 操作步骤

（1）了解 GB/T 1.1 标准的基本概念和规范要求，包括标准名称、标准号、颁布日期、实施日期、代替标准、被代替标准等信息。

（2）学习 GB/T 1.1 标准的应用范围和适用对象，掌握 GB/T 1.1 标准的使用方法和技巧。

（3）根据训练要求，使用 WPS/Word 等文字编辑工具，套用 GB/T 1.1 标准的格式和样板，按照以下标准的要求编写一份逻辑简单的标准文本。并说明这个文本的条款都对应了 GB/T 1.1 中规定的哪些写作规定要求。

参考例子：

一、主题。体育锻炼技术规范。

二、结构。分为三个章节，包括：

- 总则。包括定义、目的、适用范围、术语和定义等内容。
- 锻炼要求。包括锻炼目标、锻炼方法、锻炼时间和锻炼频率等内容。
- 锻炼实现。包括身体检查、锻炼记录等方式。

三、内容填充。根据结构的设置，填充如下内容：

- 总则。定义了体育锻炼的原则。
- 锻炼要求。具体阐述了锻炼目标、方法、时间和频率等内容，以便读者掌握正确的要求。
- 锻炼实现。阐述了对应锻炼要求的身体检查、锻炼记录等方式。

四、综合优化。对整个标准文本进行检查和审查，确保文本的逻辑性、合理性和一致性，保证标准的质量和实用性。

（4）对编写的标准文本进行评审和修改，检查是否符合 GB/T 1.1 标准的规范要求，对不合格的地方进行改正和完善。

（5）将修改后的标准文本提交给任课教师进行审核，根据教师的指导和建议，进一步完善标准文本，直至符合 GB/T 1.1 标准的要求。

（6）通过实操训练，加深对 GB/T 1.1 标准的理解和掌握，提高标准制定的质量和效率。

4. 注意事项

（1）练习前需要认真阅读 GB/T 1.1 标准的相关内容，了解其基本概念和规范要求。

（2）练习时需要按照标准的要求进行操作，注意标准的格式、样板和编写要求。

（3）练习完成后需要对编写的标准文本进行评审和修改，确保符合 GB/T

1.1 标准的规范要求。

（4）练习结束后需要对训练过程和结果进行总结和反思，查找不足之处并加以改进。

训练 3　标准起草 5 步法——深度理解并编写一个标准

1. 操作目的

通过实际操作训练，编写一个能够解决问题的标准，学习并掌握标准起草 5 步法，能有效地编写出解决问题所需要的标准文本草案。

2. 操作器材

电脑、网络、WPS/Word 等文字编辑工具。

3. 操作步骤

（1）确定主题。在开始制定标准之前，需要明确标准制定的主题和目的，即需要解决的问题以及制定标准的可行性。在本次实操训练中，重新选取训练 2 所写的标准中所阐述的问题作为主题，对问题进行剖析。

（2）选择类型。在确定主题后，需要选择适合的标准类型，例如规范、方法、指南等。根据需要制定标准的内容和目的，选择相应的标准类型。

（3）设定结构。在确定标准类型后，需要设定标准的整体结构，包括标准的篇章、章节、条款等。可以根据附表 1，设定标准的结构框架。

（4）内容填充。根据设定的结构框架，需要填充标准的具体内容条款，包括标准的定义、要求、技术方法、实施步骤、说明等。根据实际需求和应用场景，编写标准的内容条款。

（5）综合优化。需要对标准的结构和条款进行梳理和优化，以确保标准的逻辑性、合理性和一致性。在梳理优化过程中，需要对标准进行全面的检查和审查，确保标准的质量和实用性。

（6）将最终的标准文本提交给任课教师进行审核，将训练 2 编写的标准进行比对，找出相同点和差异。

附表1　各类型标准必要结构表

章节\类型	试验方法	规范	规程	指南	评价	产品	管理规范
基础要素项	封面							
	前言						
	标准名称						
	范围						
技术要素项	仪器设备	要求	程序确立	需要考虑的要素	评价指标体系	技术要求	组织环境
	样品	证实方法	程序指示		取值规则		领导作用
	试验步骤		追溯/证实方法		评价结果		策划
	试验数据处理						支持
							运行
							绩效评价
							改进

4. 注意事项

（1）训练前需要对标准起草5步法进行全面深入的学习和掌握，熟悉标准的编写流程和方法。

（2）训练时需要根据实际需求和应用场景进行标准的制定，按照标准起草5步法进行操作，确保标准的实用性和有效性。

（3）训练完成后需要对编写的标准文本进行评审和修改，确保符合标准的规范要求。

（4）训练结束后需要对训练过程和结果进行总结和反思，查找不足之处并加以改进。

训练4 试验方法标准的编写

1. 操作目的

通过实际操作训练，学习并掌握试验方法标准制定的流程和规则，能够编写出符合要求的试验方法标准，提高标准的准确性和可靠性。

2. 操作器材

实验室、仪器设备、试剂或材料、电脑、网络、WPS/Word等文字编辑工具。

3. 操作步骤

（1）明确试验对象。在开始制定试验方法标准之前，需要明确试验对象，即需要测定的特性值、性能指标或成分。在本次实际操作训练中，可自选或选取"参考练习题目"中一个具体的标准化对象作为例子。

（2）收集信息。在确定试验对象后，需要收集相关信息，包括国内外相关标准、法律法规、技术资料等。根据收集的信息，制定出符合国内外要求的试验方法标准。

（3）制定框架。在收集信息后，需要制定试验方法标准的框架，包括前言、引言、规范性引用文件、术语和定义、试验原理、试验条件、试剂或材料、仪器设备、样品、试验步骤、试验数据处理、试验报告等。

（4）编写内容和优化。根据制定的框架，需要编写试验方法标准的具体内容，包括试验原理、试验条件、试剂或材料、仪器设备、样品、试验步骤、试验数据处理等。在编写试验方法标准的具体内容时，需要注意语言的准确、简明和易懂，确保试验方法标准的可读性和可操作性。完成后进行优化。

（5）审核和修改。最后，需要对制定的试验方法标准进行审核和修改，确保符合标准的试验要求和实用性。在审核和修改过程中，需要对试验方法标准进行全面的检查和审核，包括语言的准确性、规范的逻辑性、要求的可行性等方面。

4. 注意事项

（1）试验方法标准是否能够准确地描述试验对象、试验原理、试验条件、试剂或材料、仪器设备、样品、试验步骤和试验数据处理等内容。

(2) 试验方法标准的语言是否准确、简明、易懂，能够让读者快速理解试验方法的实际流程和要求。

(3) 试验方法标准是否符合实际操作要求，能够指导实验员正确开展试验操作并得出准确可靠的试验结果。

5. 参考练习题目

(1) 确定水的热膨胀系数实验方法

①实验目的：测量水的温度和体积变化，确定水的热膨胀系数。

②实验步骤：

- 准备烧杯、温度计和水。
- 在室温下测量水的体积，记录为 V1。
- 将水加热至一定温度，等待水温稳定后，再次测量水的体积，记录为 V2。
- 记录水的初始温度 T1 和最终温度 T2。
- 根据公式计算水的热膨胀系数 α，α ＝（V2 － V1）／（V1 × T1）。

(2) 测量小球滚动的速度实验方法

①实验目的：测量小球从斜面上滚落的速度，探究滚动的物理规律。

②实验步骤：

- 准备小球、斜面和计时器。
- 将小球从斜面上滚落，同时开始计时。
- 测量小球在斜面上滚落的时间 t 和滚落的距离 L。
- 根据公式计算小球的速度 v，$v = L/t$。

(3) 测量果汁饮料的酸碱度实验方法

①实验目的：测量果汁饮料的酸碱度，评估饮料的品质。

②实验步骤：

- 准备 pH 试纸、酸碱度比色卡和果汁饮料。
- 将试纸浸泡在果汁饮料中，待试纸充分吸收后，取出测量。
- 根据试纸的颜色，与酸碱度比色卡对照，确定饮料的酸碱度值。

- 为减少误差，至少进行三次独立测量，每次使用新的试纸。
- 计算三次测量的平均 pH 值：

平均 pH =（pH1 + pH2 + pH3）/3

训练 5　规范标准的编写

1. 操作目的

通过实际操作训练，学习并掌握规范标准的制定流程和规则，能够有效地编写出高质量、符合要求的规范标准。参考方法为 GB/T 20001.5。

2. 操作器材

电脑、网络、WPS/Word 等文字编辑工具。

3. 操作步骤

（1）确定标准化对象。在开始制定规范标准之前，需要明确标准化对象，即需要规范化的产品、过程或服务等。在本次实际操作训练中，可自行选取"参考练习题目"中一个具体的标准化对象作为例子。

（2）收集信息。在确定标准化对象后，需要收集相关信息，包括国内外相关标准、法律法规、技术资料等。根据收集的信息，制定出符合国内外要求的标准。

（3）制定框架。在收集信息后，需要制定规范标准的框架，包括前言、引言、规范性引用文件、术语和定义、通用要求、产品（服务或过程）中的要求等。

（4）编写内容和优化。根据制定的框架，需要编写规范标准的具体内容，包括"要求"和"证实方法"。在编写规范标准的具体内容时，需要注意语言的准确、简明和易懂，确保规范标准的可读性和可操作性。完成后进行优化。

（5）审查和修改。最后，需要对制定的规范标准进行审查和修改，确保符合标准的规范要求和实用性。在审核和修改中，需要对规范标准进行全面的检查和审核，包括语言的准确性、规范的逻辑性、要求的可行性等方面。

4. 注意事项

（1）训练前需要对规范标准的制定流程和规则进行全面深入的学习和掌握，熟悉规范标准的编写流程和方法。

（2）训练时需要根据实际需求和应用场景进行规范标准的制定，按照规范标准的制定流程和规则进行操作，确保规范标准的实用性和有效性。

（3）在制定规范标准时，需要遵循相关的国内外标准和法律法规，确保制定的规范标准的合法性和规范性。

（4）训练完成后需要对编写的规范标准进行评审和修改，确保符合规范的规范要求。

5. 参考练习题目

（1）电子产品维修规范

该规范旨在规范电子产品的维修流程，确保维修的效率和质量，同时保障维修人员和用户的安全。该规范包括维修流程、维修人员的技术要求、维修记录和维修报告的管理等内容。其中，维修流程包括接受维修、检测维修对象、诊断问题、维修、测试和交付等环节，每个环节需要严格按照规定的要求进行操作。

（2）企业员工考勤管理规范

该规范旨在规范企业员工的考勤管理流程，提高考勤管理效率，确保考勤的准确性和公正性。该规范包括考勤制度、考勤流程、考勤记录的管理、考勤异常的处理和统计分析等内容。其中，考勤制度需要根据企业的实际情况进行制定，考勤流程包括签到、签退、请假、加班等环节，每个环节需要严格按照规定的要求进行操作。

（3）电商平台交易保障规范

该规范旨在规范电商平台的交易流程，提高交易的安全性和信誉度，保障消费者和商家的权益。该规范包括交易流程、交易信息的保密和保障、纠纷处理和用户投诉的管理等内容。其中，交易流程需要明确交易双方的权利和义务，保障交易信息的安全和保密，纠纷处理需要依据规定的程序和标准进行操作，用户投诉需要及时处理并做出公正的判断。

训练6　规程标准的编写

1. 操作目的

通过实际操作训练，学习并掌握规程标准的制定流程和规则，能够有效地编写出高质量、符合要求的规程标准。

2. 操作器材

电脑、网络、WPS/Word等文字编辑工具。

3. 操作步骤

（1）确定标准化对象。在开始制定规程标准之前，需要明确标准化对象，即需要规范化的过程、操作或管理流程。可自行选取"参考练习题目"中一个具体的标准化对象作为例子。

（2）收集信息。在确定标准化对象后，需要收集相关信息，包括国内外相关标准、法律法规、技术资料等。根据收集的信息，制定出符合国内外要求的规程标准。

（3）制定框架。在收集信息后，需要制定规程标准的框架，包括前言、引言、规范性引用文件、术语和定义、范围、程序等。制定框架时需要参考GB/T 20001.6—2017《标准编写规则　第6部分：规程标准》的规定，确保规程标准的完整性和一致性。

（4）编写内容和优化。根据制定的框架，需要编写规程标准的具体内容，包括程序的确定、流程的描述、人员的职责和权限等。在编写规程标准的具体内容时，需要注意语言的准确、简明和易懂，确保规程标准的可读性和可操作性。完成后进行优化。

（5）审核和修改。最后，需要对制定的规程标准进行审核和修改，确保符合标准的规程要求和实用性。在审查和修改过程中，需要对规程标准进行全面的检查和审核，包括语言的准确性、规范的逻辑性、要求的可行性等方面。

4. 注意事项

（1）训练前需要对规程标准的制定流程和规则进行全面深入地学习和掌

握，熟悉规程标准的编写流程和方法。

（2）训练时需要根据实际需求和应用场景进行规程标准的制定，按照规程标准的制定流程和规则进行操作，确保规程标准的实用性和有效性。

（3）训练完成后需要对编写的规程标准进行评审和修改，确保符合规范的规程要求。

（4）本次实际操作训练中，可以选择不同的标准化对象和不同的过程、操作或管理流程作为例子，以丰富实际操作训练的内容和难度。可以参考实际生产、运营和管理中常见的流程和操作，如"质量管理体系流程控制规程""销售合同管理规程""采购流程规程"等。

5. 参考练习题目

（1）生产流程控制规程

该规程旨在规范企业生产流程，保证生产过程的稳定性和效率，提高产品质量和客户满意度。规程包括生产流程控制的范围、责任和权限、生产计划和安排生产、生产物料管理、生产线维护和清洁、产品质量控制等方面的规定。

（2）销售合同管理规程

该规程旨在规范企业销售合同管理，保证销售过程的合法性和合规性，提高销售效率和客户满意度。规程包括销售合同管理的范围、责任和权限、销售合同的签订、履行和变更、合同纠纷处理等方面的规定。

（3）采购流程规程

该规程旨在规范组织的采购流程，保证采购过程的透明度和合规性，提高采购效率和产品质量。规程包括采购流程的范围、责任和权限、供应商管理、采购计划和执行、采购合同管理等方面的规定。

训练7　指南标准的编写

1. 操作目的

通过实际操作训练，学习并掌握指南标准的制定流程和规则，能够有效地编写出高质量、符合要求的指南标准。

2. 操作器材

电脑、网络、WPS/Word 等文字编辑工具。

3. 操作步骤

（1）确定标准化对象。在开始制定指南标准之前，需要明确标准化对象，即需要提供指导性信息的产品、过程、服务或系统。在本次实际操作训练中，可自行选取"参考练习题目"中一个具体的标准化对象作为例子。

（2）收集信息。在确定标准化对象后，需要收集相关信息，包括国内外相关标准、法律法规、技术资料等。根据收集的信息，制定出符合国内外要求的指南标准。

（3）制定框架。在收集信息后，需要制定指南标准的框架，包括前言、引言、标准名称、范围、规范性引用文件、术语和定义、总则、需考虑的因素、附录等。制定框架时需要参考 GB/T 20001.7—2017《标准编写规则 第7部分：指南标准》的规定，确保指南标准的完整性和一致性。

（4）编写内容和优化。根据制定的框架，需要编写指南标准的具体内容，包括提供产品、过程、服务或系统标准化实施的指导性信息。在编写指南标准的具体内容时，需要注意语言的准确、简明和易懂，确保指南标准的可读性和可操作性。完成后进行优化。

（5）审核和修改。最后，需要对制定的指南标准进行审核和修改，确保符合标准的指南要求和实用。在审核和修改过程中，需要对指南标准进行全面的检查和审核，包括语言的准确性、规范的逻辑性、要求的可行性等方面。

4. 注意事项

（1）训练前需要对指南标准的制定流程和规则进行全面深入地学习和掌握，熟悉指南标准的编写流程和方法。

（2）训练时需要根据实际需求和应用场景进行指南标准的制定，按照指南标准的制定流程和规则进行操作，确保指南标准的实用性和有效性。

（3）训练完成后需要对编写的指南标准进行评审和修改，确保符合规范的指南要求。

（4）本次实际操作训练中，可以选择不同的标准化对象和应用场景进行指南标准的制定，以便更好地理解和掌握指南标准的制定流程和规则。

（5）制定指南标准时，需要考虑到不同的应用场景和需求，例如，不同的产品、过程、服务或系统的实施情况，提供相应的指导性信息，以便用户能够更好地理解和实施标准。

（6）制定指南标准时，需要注意语言的准确、简明和易懂，避免使用专业术语和复杂语言，以便用户能够轻松理解和使用指南标准。

5. 参考练习题目

（1）健康饮食指南

该指南旨在提供健康饮食的指导性信息，包括健康饮食的原则、食物营养价值的介绍、饮食平衡的建议、饮食偏好的参考等，旨在帮助人们保持健康的饮食习惯，预防和控制各种健康问题。

（2）电脑维护指南

该指南旨在提供电脑维护的指导性信息，包括电脑维护的基本原则、常见电脑故障的诊断和解决方法、电脑安全和防病毒的方法等，旨在帮助用户保护自己的电脑，维护电脑的性能和稳定性。

（3）金融理财指南

该指南旨在提供金融理财的指导性信息，包括金融理财的基本原则、投资理财的方法、风险评估和控制等，旨在帮助用户理性地进行金融理财活动，实现个人财务目标。

训练8　评价标准的编写

1. 操作目的

通过实际操作训练，学习并掌握评价标准的制定流程和规则，能够有效地编写出高质量、符合要求的评价标准。

2. 操作器材

电脑、网络、WPS/Word 等文字编辑工具。

3. 操作步骤

（1）明确评价对象。在开始制定评价标准之前，需要明确评价对象，即需要评价的产品、过程或服务。在本次实操训练中，可自行选取"参考练习题目"中一个具体的标准化对象作为例子。

（2）收集信息。在确定评价对象后，需要收集相关信息，包括国内外相关标准、法律法规、技术资料等。根据收集的信息，制定出符合国内外要求的评价标准。

（3）制定框架。在收集信息后，需要制定评价标准的框架，包括前言、引言、规范性引用文件、术语和定义、通用要求、评价方法、评价标准等。

（4）编写内容和优化。根据制定的框架，需要编写评价标准的具体内容，包括评价要求、评价指标、评价方法等。在编写评价标准的具体内容时，需要注意语言的准确、简明和易懂，确保评价标准的可读性和可操作性。完成后进行优化。

（5）审核和修改。最后，需要对制定的评价标准进行审核和修改，确保符合标准的评价要求和实用性。在审核和修改过程中，需要对评价标准进行全面的检查和审核，包括语言的准确性、规范的逻辑性、要求的可行性等方面。

4. 注意事项

（1）评价要求的准确性。评价要求是否准确地反映了评价对象的特点和需要，是否符合相关标准和法律法规。

（2）评价指标的全面性和科学性。评价指标是否全面、科学，是否能够准确地反映评价对象的质量和性能。

（3）评价方法的合理性和实用性。评价方法是否合理、实用，是否能够客观地反映评价对象的真实情况，并且是否能够被实施。

（4）评价标准的语言表达。评价标准的语言是否准确、简明、易懂，是否符合规范的表达要求。

5. 参考练习题目

（1）城市公共交通服务质量评价

根据城市公共交通相关标准和法律法规，制定适用于城市公共交通服务的评价标准，包括服务质量评价要求、评价指标、评价方法等，确保城市公共交通服务得到有效评价和监控。

（2）企业员工绩效评价

根据企业员工绩效评价相关标准和方法，制定适用于企业员工的绩效评价标准，包括评价要求、评价指标、评价方法等，确保企业员工绩效得到有效评价和管理。

（3）教育教学质量评价

根据国内外相关标准和法律法规，制定适用于教育教学质量的评价标准，包括教学质量评价要求、评价指标、评价方法等，确保教育教学质量得到有效评价和监控。

训练9　产品标准的编写

1. 操作目的

通过实际操作训练，学习并掌握产品标准制定的流程和规则，能够有效地编写出高质量、符合要求的产品标准。

2. 操作器材

产品说明（可模拟）、检验报告（可模拟）、电脑、网络、WPS/Word 等文字编辑工具。

3. 操作步骤

（1）明确产品对象。在开始制定产品标准之前，需要明确产品对象，即需要制定标准的产品类型、规格和应用范围。可自行选取"参考练习题目"中一个具体的标准化对象作为例子。

（2）收集信息。在确定产品对象后，需要收集相关信息，包括国内外相关标准、法律法规、技术资料等。根据收集的信息，制定出符合国内外要求的产品标准。

（3）制定框架。在收集信息后，需要制定产品标准的框架，包括封面、目次、前言、规范性引用文件、术语和定义、技术要求、检验方法、标志、包装、运输等。

（4）编写内容和优化。根据制定的框架，需要编写产品标准的具体内容，包括产品分类、技术要求、检验方法、标志、包装、运输等。在编写产品标准的具体内容时，需要注意语言的准确、简明和易懂，确保产品标准的可读性和可操作性。完成后进行优化。

（5）审核和修改。最后，需要对制定的产品标准进行审核和修改，确保符合标准的要求和实用性。在审核和修改过程中，需要对产品标准进行全面的检查和审核，包括语言的准确性、规范的逻辑性、要求的可行性等方面。

4. 注意事项

（1）技术要求的准确性。技术要求是否准确地反映了产品对象的特点和需要，是否符合相关标准和法律法规。

（2）检验方法的全面性和科学性。检验方法是否全面、科学，是否能够准确地检验产品的质量和性能。

（3）标志、包装和运输的规范性和实用性。标志、包装和运输的要求是否规范、实用，能否得到保障。

5. 参考练习题目

（1）儿童学习桌

包括桌子的尺寸、重量、材料、颜色、表面处理等要求，以及对桌子稳定性、安全性和使用寿命的评估方法和标准。

（2）餐厅椅

包括椅子的尺寸、重量、材料、颜色、韧性等要求，以及对椅子的负重能力、稳定性、耐久性和舒适度的评估方法和标准。

（3）婴儿床

包括婴儿床的尺寸、重量、材料、安全栏高度、床垫硬度等要求，以及对婴儿床的稳定性、安全性、通风性和舒适度的评估方法和标准。

训练10　管理体系标准的编写

1. 操作目的

通过实际操作训练，学习并掌握管理体系标准制定流程和规则，能够有效地编写出高质量、符合要求的管理体系标准。

2. 操作器材

电脑、网络、WPS/Word 等文字编辑工具。

3. 操作步骤

（1）明确标准对象。在开始制定管理体系标准之前，需要明确标准对象，即需要制定管理体系标准的领域或范围。可自行选取"参考练习题目"中一个具体的标准化对象作为例子。

（2）收集信息。在确定标准对象后，需要收集相关信息，包括国内外相关标准、法律法规、技术资料等。根据收集的信息，制定出符合国内外要求的管理体系标准。

（3）制定框架。在收集信息后，需要制定管理体系标准的框架，包括前言、引言、规范性引用文件、术语和定义、管理体系标准概述、管理体系标准要素、管理体系标准要求等。

（4）编写内容和优化。根据制定的框架，需要编写管理体系标准的具体内容。在编写管理体系标准的具体内容时，需要注意语言的准确、简明和易懂，确保管理体系标准的可读性和可操作性。完成后进行优化。

（5）审核和修改。最后，需要对制定的管理体系标准进行审核和修改，确保符合标准的要求和实用性。在审核和修改过程中，需要对管理体系标准进行全面的检查和审核，包括语言的准确性、规范的逻辑性、要求的可行性等方面。

4. 注意事项

（1）要求的准确性。管理体系标准的要求是否准确地反映了标准对象的特点和需要，是否符合相关标准和法律法规。

（2）语言的准确性和易懂性。管理体系标准的语言是否准确、简明易懂，是否能够被各个层次的读者理解。

（3）可操作性。管理体系标准是否能够被实际操作和应用，是否具有实用性和可操作性。

5. 参考练习题目

（1）员工培训管理体系标准

是指为组织建立培训管理体系提供的一种规范，它是一套经过系统化和标准化设计的管理方法，可以帮助组织规范培训工作，提高员工的绩效和能力，进而增强组织的竞争力。包括组织中培训计划的制订、培训课程内容和方式、培训效果评估等内容。

（2）采购管理体系标准

可帮助企业建立科学、规范、高效的采购管理体系，实现采购流程的优化和采购成本的控制。包括组织日常运作中涉及的供应商评价、采购合同管理、物料管理等内容。

（3）信息安全管理体系标准

可确保组织的信息资产得到充分的保护，防止信息泄露、损坏、篡改和不当使用等问题的发生，提高信息安全水平。包括组织中信息资产分类和评估、安全管理制度和流程、安全事件管理等内容。

训练 11　标准的实施改进

1. 操作目的

通过实际操作训练，学习如何进行标准的改进和提高。

从训练 3 到训练 10 中曾经制定过的标准中选取其一，作为标准实施改进的研究对象。

2. 操作器材

电脑、网络、WPS/Word 等文字编辑工具。

3. 操作步骤

（1）模拟提出标准实施中可能遇到的问题时，需要考虑实施标准的不同阶段可能会出现的各种问题，例如，标准制定、实施和监督等方面的问题，以及标准应用中可能遇到的问题，对这些情况形成模拟记录。在模拟过程中，需要根据实际情况进行调整，确保模拟的情境具有实际意义。

（2）评估标准实施的情况时，需要建立一套合理的评估体系，包括对标准实施效果的定量和定性评价，以及对实施过程中所遇到问题的评估。评估的结果需要反馈到标准制定者和实施者手中，以便及时对标准进行改进和完善。请形成评估体系依据和评估结果（以评价报告的形式体现）。

（3）假设标准确实存在问题，进行修订时，需要根据评估结果和实际情况，对标准进行适当修改和完善，以确保标准的实施效果和质量。在修订过程中，需要注意与相关方面进行充分沟通和协商，以确保标准的有效性和广泛认可度。在基础上形成新的文本以及前后比对情况说明。

4. 注意事项

（1）模拟情景过程中，务必记录下问题的关键点。

（2）评估过程中，形成评估报告，包括评估依据，符合程度以及处置建议。

（3）修订后的标准文本，说明发生了哪些变化。

参考文献

参考文献

[1] GB/T 1.1—2020《标准化工作导则 第1部分：标准化文件的结构和起草规则》

[2] GB/T 1.2—2020《标准化工作导则 第2部分：以ISO/IEC标准化文件为基础的标准化文件起草规则》

[3] GB/T 20000.1—2014《标准化工作指南 第1部分：标准化和相关活动的通用术语》

[4] GB/T 20000.3—2003《标准化工作指南 第3部分：引用文件》

[5] GB/T 20000.6—2006《标准化工作指南 第6部分：标准化良好行为规范》

[6] GB/T 20000.7—2006《标准化工作指南 第7部分：管理体系标准的论证和制定》

[7] GB/T 20000.8—2014《标准化工作指南 第8部分：阶段代码系统的使用原则和指南》

[8] GB/T 20000.10—2016《标准化工作指南 第10部分：国家标准的英文译本翻译通则》

[9] GB/T 20000.11—2016《标准化工作指南 第11部分：国家标准的英文译本通用表述》

[10] GB/T 20001.1—2001《标准编写规则 第1部分：术语》

[11] GB/T 20001.2—2015《标准编写规则 第2部分：符号》

[12] GB/T 20001.3—2015《标准编写规则 第3部分：分类标准》

[13] GB/T 20001.4—2015《标准编写规则 第4部分：试验方法标准》

[14] GB/T 20001.5—2017《标准编写规则 第5部分：规范标准》

[15] GB/T 20001.6—2017《标准编写规则 第6部分：规程标准》

[16] GB/T 20001.7—2017《标准编写规则 第7部分：指南标准》

[17] GB/T 20001.8—2023《标准起草规则 第8部分：评价标准》

[18] GB/T 20001.10—2014《标准起草规则 第10部分：产品标准》

[19] GB/T 20001.11—2014《标准起草规则 第11部分：管理体系规范》

[20] GB/T 20002.1—2008《标准中特定内容的起草 第1部分：儿童安全》

[21] GB/T 20002.2—2008《标准中特定内容的起草 第2部分：老年人和残疾人的需求》

[22] GB/T 20002.3—2014《标准中特定内容的起草 第3部分：产品》

[23] GB/T 20002.4—2015《标准中特定内容的起草 第4部分：标准中涉及安全的内容》

[24] GB/T 20002.6—2022《标准中特定内容的编写指南 第6部分：涉及中小微型企业需求》

[25] GB/T 20003.1—2014《标准制定的特殊程序 第1部分：涉及专利的标准》

［26］GB/T 20004.1—2016《团体标准化　第1部分：良好行为指南》

［27］GB/T 20004.2—2018《团体标准化　第2部分：良好行为评价指南》

［28］GB/T 24421.3《服务业组织标准化工作指南　第3部分：标准编写》

［29］GB/T 35778—2017《企业标准化工作　指南》

［30］GB/T 19273—2017《企业标准化工作　评价与改进》

［31］GB/T 24421.4—2023《服务业组织标准化工作指南　第4部分：标准实施及评价》